③ 条件の否定

条件 p に対して、「p でない」という条件を条件 p の否定といい、$\bar{p}$ で表す。

$\bar{\bar{p}} = p$ すなわち $\bar{p}$ の否定は p

「かつ」の否定、「または」の否定

$\overline{p \text{ かつ } q} \iff \bar{p} \text{ または } \bar{q}$

$\overline{p \text{ または } q} \iff \bar{p} \text{ かつ } \bar{q}$

④ 必要条件・十分条件

命題「$p \Longrightarrow q$」が真のとき

p は q であるための　十分条件

q は p であるための　必要条件

「$p \Longrightarrow q$」「$q \Longrightarrow p$」がともに真である

$p \Longleftrightarrow q$（p と q は同値）

p は q であるための必要十分

⑤ 逆・裏・対偶

```
┌─────────┐        ┌─────────┐
│ p ⟹ q │── 逆 ──│ q ⟹ p │
└─────────┘        └─────────┘
    │       裏   対偶   裏       │
┌─────────┐        ┌─────────┐
│ p̄ ⟹ q̄ │── 逆 ──│ q̄ ⟹ p̄ │
└─────────┘        └─────────┘
```

⑥ 命題と証明

対偶の利用　命題 $p \Longrightarrow q$ を、その対偶 $\bar{q} \Longrightarrow \bar{p}$ を示すことで証明する。

背理法の利用　与えられた命題が成り立たないと仮定して矛盾を導くことにより、命題 $p \Longrightarrow q$ が真であると結論する。

---

① 定義域・値域

関数 $y = f(x)$ において

定義域　変数 x のとる

値　域　定義域の x の値る値の範囲

② 1次関数 $y = ax + b$ のグラフ

・傾きが a、切片が b の直線

・$a > 0$ のとき右上がり、$a < 0$ のとき右下がり

③ 1次関数 $y = ax + b$（$p \leqq x \leqq q$）の最大・最小

$a > 0$ のとき $x = q$ で最大、$x = p$ で最小

$a < 0$ のとき $x = p$ で最大、$x = q$ で最小

④ $y = ax^2$ のグラフ

・y 軸に関して対称な放物線

・$a > 0$ のとき下に凸

・$a < 0$ のとき上に凸

⑤ $y = a(x - p)^2 + p$ のグラフ

$y = ax^2$ のグラフを

x 軸方向に p、y 軸方向に q

だけ平行移動した放物線

頂点は点 $(p,\ q)$、軸は直線 $x = p$

$ax^2 + bx + c$ のグラフ

$$y = a\left(x + \frac{b}{2a}\right)^2 - \frac{b^2 - 4ac}{4a}$$

と変形できるから

頂点は　点 $\left(-\dfrac{b}{2a},\ -\dfrac{b^2 - 4ac}{4a}\right)$

軸は　直線 $x = -\dfrac{b}{2a}$

⑦ 2次関数の最大・最小

$y = a(x - p)^2 + q$ において

$a > 0$　$x = p$ で最小値 q をとり、最大値はない。

$a < 0$　$x = p$ で最大値 q をとり、最小値はない。

⑧ 2次関数の決定

① 放物線の頂点や軸が与えられている
$\longrightarrow$ $y = a(x - p)^2 + q$ とおく。

② グラフが通る3点が与えられている
$\longrightarrow$ $y = ax^2 + bc + c$ とおく。

⑨ 2次関数のグラフと x 軸の位置関係

2次関数 $y = ax^2 + bx + c$ について、

$D = b^2 - 4ac$ とすると

$D > 0 \iff$ 異なる2点で交わる

$D = 0 \iff$ 1点で接する

$D < 0 \iff$ 共有点をもたない

⑩ 2次関数のグラフと2次方程式・2次不等式

(1) 2次方程式 $ax^2 + bx + c = 0$ の

解の公式 $x = \dfrac{-b \pm \sqrt{b^2 - 4ac}}{2a}$

(2) 判別式 $D = b^2 - 4ac$ とおくと

$D > 0 \iff$ 異なる2つの実数解

$D = 0 \iff$ ただ1つの実数解（重解）

$D < 0 \iff$ 実数解はない

(3) 2次関数 $y = ax^2 + bx + c$ のグラフと x 軸の位置関係は $D = b^2 - 4ac$ の符号によって定まる。

$D = b^2 - 4ac$	$D > 0$	$D = 0$	$D < 0$
$y = ax^2 + bx + c$ のグラフと x 軸の位置関係			
$ax^2 + bx + c = 0$ の解	$x = \alpha,\ \beta$	$x = \alpha$	ない
$ax^2 + bx + c > 0$ の解	$x < \alpha,\ \beta < x$	α 以外のすべての実数	すべての実数
$ax^2 + bx + c \geqq 0$ の解	$x \leqq \alpha,\ \beta \leqq x$	すべての実数	すべての実数
$ax^2 + bx + c < 0$ の解	$\alpha < x < \beta$	ない	ない
$ax^2 + bx + c \leqq 0$ の解	$\alpha \leqq x \leqq \beta$	$x = \alpha$	ない

JN060447

1 正弦・余弦・正接

$$\sin A = \frac{a}{c}$$

$$\cos A = \frac{b}{c}$$

$$\tan A = \frac{a}{b}$$

2 $90°-\theta$ の三角比

$$\sin(90°-\theta)=\cos\theta, \quad \cos(90°-\theta)=\sin\theta$$

$$\tan(90°-\theta)=\frac{1}{\tan\theta}$$

3 三角比の符号

θ	$0°$	鋭角	$90°$	鈍角	$180°$
$\sin\theta$	0	+	1	+	0
$\cos\theta$	1	+	0	−	−1
$\tan\theta$	0	+	なし	−	0

4 $180°-\theta$ の三角比

$$\sin(180°-\theta)=\sin\theta, \quad \cos(180°-\theta)=-\cos\theta$$

$$\tan(180°-\theta)=-\tan\theta$$

5 相互関係

$$\sin^2\theta+\cos^2\theta=1, \quad \tan\theta=\frac{\sin\theta}{\cos\theta},$$

$$1+\tan^2\theta=\frac{1}{\cos^2\theta}$$

6 正弦定理（R は外接円の半径）

$$\frac{a}{\sin A}=\frac{b}{\sin B}=\frac{c}{\sin C}=2R$$

7 余弦定理

$$a^2=b^2+c^2-2bc\cos A, \quad \cos A=\frac{b^2+c^2-a^2}{2bc}$$

$$b^2=c^2+a^2-2ca\cos B, \quad \cos B=\frac{c^2+a^2-b^2}{2ca}$$

$$c^2=a^2+b^2-2ab\cos C, \quad \cos C=\frac{a^2+b^2-c^2}{2ab}$$

8 三角形の面積

三角形の面積を S とすると

$$S=\frac{1}{2}bc\sin A=\frac{1}{2}ca\sin B=\frac{1}{2}ab\sin C$$

---

1 平均値

n 個の値 x_1, x_2, ……, x_n をとる変量 x の平均値 $\bar{x}$ は

$$\bar{x}=\frac{1}{n}(x_1+x_2+\cdots\cdots+x_n)$$

2 中央値と最頻値

中央値　変量を大きさの順に並べたときの中央の値

最頻値　度数が最も多い階級の階級値

3 四分位範囲と箱ひげ図

大きさの順に並べられたデータの中央値
　　　　⟶ 第2四分位数：Q_2
その前半のデータの中央値
　　　　⟶ 第1四分位数：Q_1
その後半のデータの中央値
　　　　⟶ 第3四分位数：Q_3
四分位範囲：Q_3-Q_1

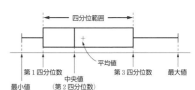

4 分散と標準偏差

変量 x が n 個の値 x_1, x_2, $\cdots$, x_n をとるとき，平均値を $\bar{x}$ とすると，分散 s^2 と標準偏差 s は

$$s^2=\frac{1}{n}\{(x_1-\bar{x})^2+(x_2-\bar{x})^2+\cdots\cdots+(x_n-\bar{x})^2\}$$

$$s=\sqrt{\frac{1}{n}\{(x_1-\bar{x})^2+(x_2-\bar{x})^2+\cdots\cdots+(x_n-\bar{x})^2\}}$$

数Ⅰ707　新編数学Ⅰ〈準拠〉

スパイラル
数学Ⅰ

　本書は，実教出版発行の教科書「新編数学Ⅰ」の内容に完全準拠した問題集です。教科書と本書を一緒に勉強することで，教科書の内容を着実に理解し，学習効果が高められるよう編修してあります。

　教科書の例・例題・応用例題・CHECK・章末問題・思考力PLUSに対応する問題には，教科書の該当ページが示してあります。教科書を参考にしながら，本書の問題をくり返し解くことによって，教科書の「基礎・基本の確実な定着」を図ることができます。

本書の構成

まとめと要項―― 項目ごとに，重要事項や要点をまとめました。

SPIRAL A ― 基礎的な問題です。教科書の例・例題に対応した問題です。

SPIRAL B ― やや発展的な問題です。主に教科書の応用例題に対応した問題です。

SPIRAL C ― 教科書の思考力PLUSや章末問題に対応した問題の他に，教科書にない問題も扱っています。

＊マーク―――― ＊印の問題だけを解いていけば，基本的な問題が一通り学習できるように配慮しました。

解答――――― 巻末に，答の数値と図などをのせました。

別冊解答集―― それぞれの問題について，詳しく解答をのせました。

実教出版

学習の進め方

SPIRAL A

教科書の例・例題レベルで構成されています。反復的に学習することで理解を確かな
ものにしていきましょう。

16 次の式を展開せよ。 ▶國p.10例13

(1) $(x+3)(x+2)$ *(2) $(x-5)(x+3)$ (3) $(x+2)(x-3)$

*(4) $(x-5)(x-1)$ (5) $(x-1)(x+4)$ *(6) $(x+3y)(x+4y)$

(7) $(x-2y)(x-4y)$ *(8) $(x+10y)(x-5y)$ (9) $(x-3y)(x-7y)$

SPIRAL B

教科書の応用例題のレベルの問題と，やや難易度の高い応用問題で構成されています。
SPIRAL A の練習を終えたあと，思考力を高めたい場合に取り組んでください。

24 次の式を展開せよ。 ▶國p.13応用例題1

*(1) $(x^2+9)(x+3)(x-3)$ (2) $(x^2+4y^2)(x+2y)(x-2y)$

(3) $(a^2+b^2)(a+b)(a-b)$ *(4) $(4x^2+9y^2)(2x-3y)(2x+3y)$

SPIRAL C

教科書の思考力PLUSや章末問題レベルを含む，入試レベルの問題で構成されています。
「例題」に取り組んで思考力のポイントを理解してから，類題を解いていきましょう。

例題 8 ────根号を含む式の整数部分と小数部分

$\dfrac{1}{\sqrt{2}-1}$ の整数部分を a，小数部分を b とするとき，a と b の値を求めよ。

▶國p.50章末9

解 $\dfrac{1}{\sqrt{2}-1} = \dfrac{\sqrt{2}+1}{(\sqrt{2}-1)(\sqrt{2}+1)} = \dfrac{\sqrt{2}+1}{(\sqrt{2})^2-1^2} = \sqrt{2}+1$

ここで $1 < \sqrt{2} < 2$ であるから
$2 < \sqrt{2}+1 < 3$
ゆえに $a = 2$ 答
よって $b = \sqrt{2}+1-2 = \sqrt{2}-1$ 答

76 $\dfrac{2}{3-\sqrt{7}}$ の整数部分を a，小数部分を b とするとき，a と b の値を求めよ。

例13

(1) $(x-2)(x+3) = x^2 + \{(-2)+3\}x + (-2)\times 3$

$\qquad\qquad\qquad = x^2 + x - 6$

(2) $(x+3y)(x-4y) = x^2 + \{3y+(-4y)\}x + 3y\times(-4y)$

$\qquad\qquad\qquad\quad = x^2 - xy - 12y^2$

新編数学Ⅰ　p.10

応用例題1

計算の順序の工夫

次の式を展開せよ。

(1) $(x^2+y^2)(x+y)(x-y)$　　(2) $(x+y)^2(x-y)^2$

解

(1) $(x^2+y^2)(x+y)(x-y)$

$= (x^2+y^2)\{(x+y)(x-y)\}$　　←$(a+b)(a-b)=a^2-b^2$

$= (x^2+y^2)(x^2-y^2)$

$= (x^2)^2 - (y^2)^2 = \boldsymbol{x^4 - y^4}$

(2) $(x+y)^2(x-y)^2 = \{(x+y)(x-y)\}^2$　　←$A^2B^2=(AB)^2$

$= (x^2-y^2)^2$

$= (x^2)^2 - 2x^2y^2 + (y^2)^2$

$= \boldsymbol{x^4 - 2x^2y^2 + y^4}$

新編数学Ⅰ　p.13

★**9** $\sqrt{5}$ の整数の部分を a，小数の部分を b とする。

(1) a と b の値を求めよ。　　(2) $\dfrac{a}{b}$ の整数の部分を求めよ。

新編数学Ⅰ　p.50　　章末問題

4

目次

問題数 **SPIRAL** A : 165（634）
SPIRAL B : 103（234）
SPIRAL C : 51（108）

合計問題数　319（976）

注：（ ）内の数字は，各問題の小分けされた問題数

1節　式の計算

÷1　整式とその加法・減法

▶教p.4〜p.7

1 単項式と多項式

単項式　いくつかの数や文字の積の形で表されている式。

整式　掛けあわされた文字の個数を**次数**，文字以外の数の部分を**係数**という。

多項式　単項式の和の形で表されている式。

各単項式を**項**といい，文字の部分が同じ項を**同類項**という。

とくに，文字を含まない項を**定数項**という。

2 整式の整理

同類項をまとめ，整式を簡単な形にすることを，**整式を整理する**という。

とくに，次数の高い項から順に整理することを，**降べきの順**に整理するという。

整式において，最も次数の高い項の次数をその整式の**次数**といい，次数が n の整式を **n 次式**という。

3 整式の加法・減法

2つの整式の和と差は，同類項を整理して計算する。

SPIRAL A

1　次の単項式の次数と係数をいえ。

▶教p.4 例1

*(1)　$2x^3$　　(2)　x^2　　(3)　$-5xy^3$　　*(4)　$\dfrac{1}{3}ax^2$　　(5)　$-4ax^2y^3$

2　次の単項式で [ ] 内の文字に着目したとき，次数と係数をいえ。▶教p.5 例2

*(1)　$3a^2x$　$[x]$　　　　　　　　(2)　$2xy^3$　$[y]$

*(3)　$5ax^2y^3$　$[y]$　　　　　　　(4)　$-\dfrac{1}{2}a^3x^2$　$[a]$

3　次の整式を降べきの順に整理せよ。

▶教p.5 例3

(1)　$3x-5+5x-10+4$　　　　*(2)　$3x^2+x-3-x^2+3x-2$

*(3)　$-5x^3+x-3-x^3+6x^2-2x+3+x^2$

(4)　$2x^3-3x^2-x+2-x^3+x^2-x-3+2x^2-x+1$

4　次の整式は何次式か。また，定数項をいえ。

▶教p.6 例4

(1)　$3x^2-2x+1$　　*(2)　$-2x^3+x-3$　　(3)　$x-3$　　*(4)　$1-x^2+x^3$

5　次の整式を，x に着目して降べきの順に整理し，各項の係数と定数項を求めよ。　▶ 國 p.6 例5

(1)　$x^2 + 2xy - 3x + y - 5$

*(2)　$4x^2 - y + 5xy^2 - 4 + x^2 - 3x + 1$

(3)　$2x - x^3 + xy - 3x^2 - y^2 + x^2y + 2x + 5$

*(4)　$3x^3 - x^2 - xy - 2x^3 + 2x^2y - 2xy + y - y^2 + 5x - 7$

6　次の整式 A, B について，$A + B$ と $A - B$ を計算せよ。　▶ 國 p.7 例6

*(1)　$A = 3x^2 - x + 1,\ B = x^2 - 2x - 3$

(2)　$A = 4x^3 - 2x^2 + x - 3,\ B = -x^3 + 3x^2 + 2x - 1$

*(3)　$A = x - 2x^2 + 1,\ B = 3 - x + x^2$

7　$A = 3x^2 - 2x + 1,\ B = -x^2 + 3x - 2$ のとき，次の式を計算せよ。　▶ 國 p.7 例7

*(1)　$A + 3B$　　　　　(2)　$3A - 2B$　　　　　*(3)　$-2A + 3B$

SPIRAL B

8　$A = 2x^2 + x - 1,\ B = -x^2 + 3x - 2,\ C = 2x - 1$ のとき，次の式を計算せよ。

(1)　$(A - B) - C$　　　　　　　　(2)　$A - (B - C)$

――――――――――――――――――――――整式の加法・減法

| 例題 1 | $A = x + y - 2z,\ B = 2x - y - z,\ C = -x + 2y + z$ とする。$2(A + 2B) - 3(A - C)$ を計算せよ。 |

解　
$$2(A + 2B) - 3(A - C) = 2A + 4B - 3A + 3C \quad \leftarrow A,\ B,\ C \text{ を整理してから代入する}$$
$$= -A + 4B + 3C$$
$$= -(x + y - 2z) + 4(2x - y - z) + 3(-x + 2y + z)$$
$$= (-1 + 8 - 3)x + (-1 - 4 + 6)y + (2 - 4 + 3)z$$
$$= \boldsymbol{4x + y + z} \quad \text{答}$$

9　$A = x + y - z,\ B = 2x - 3y + z,\ C = x - 2y - 3z$ のとき，次の式を計算せよ。

*(1)　$3(A + B) - (2A + B - 2C)$　　(2)　$A + 2B - C - \{2A - 3(B - 2C)\}$

❖2　整式の乗法

▶ 🕮 p.8〜p.13

❶ 指数法則
[1] $a^m \times a^n = a^{m+n}$ 　　[2] $(a^m)^n = a^{mn}$ 　　[3] $(ab)^n = a^n b^n$

ただし，m，n は正の整数である。

❷ 分配法則
$A(B+C) = AB + AC,$ 　　$(A+B)C = AC + BC$

❸ 乗法公式
[1] $(a+b)^2 = a^2 + 2ab + b^2,$ 　　$(a-b)^2 = a^2 - 2ab + b^2$
[2] $(a+b)(a-b) = a^2 - b^2$
[3] $(x+a)(x+b) = x^2 + (a+b)x + ab$
[4] $(ax+b)(cx+d) = acx^2 + (ad+bc)x + bd$

SPIRAL A

10　次の式の計算をせよ。

▶ 🕮 p.8 例8

*(1) $a^2 \times a^5$ 　　　　*(2) $x^7 \times x$ 　　　　*(3) $(a^3)^4$

(4) $(x^4)^2$ 　　　　(5) $(a^3 b^4)^2$ 　　　　*(6) $(2a^2)^3$

11　次の式の計算をせよ。

▶ 🕮 p.8 例9

*(1) $2x^3 \times 3x^4$ 　　　　　　　(2) $xy^2 \times (-3x^4)$

*(3) $(-2x)^3 \times 4x^3$ 　　　　　　(4) $(2xy)^2 \times (-2x)^3$

*(5) $(-xy^2)^3 \times (x^4 y^3)^2$ 　　　　(6) $(-3x^3 y^2)^3 \times (2x^4 y)^2$

12　次の式を展開せよ。

▶ 🕮 p.9 例10

(1) $x(3x-2)$ 　　　　　　　*(2) $(2x^2 - 3x - 4) \times 2x$

(3) $-3x(x^2 + x - 5)$ 　　　　*(4) $(-2x^2 + x - 5) \times (-3x^2)$

13　次の式を展開せよ。

▶ 🕮 p.9 例11

(1) $(x+2)(4x^2 - 3)$ 　　　　*(2) $(3x-2)(2x^2 - 1)$

(3) $(3x^2 - 2)(x+5)$ 　　　　*(4) $(-2x^2 + 1)(x-5)$

14　次の式を展開せよ。

▶ 🕮 p.9 例11

*(1) $(2x-5)(3x^2 - x + 2)$ 　　　(2) $(3x+1)(2x^2 - 5x + 3)$

*(3) $(x^2 + 3x - 3)(2x+1)$ 　　　(4) $(x^2 - xy + 2y^2)(x + 3y)$

15　次の式を展開せよ。　　　　　　　　　　　　　　　▶國 p.10 例12

*(1)　$(x+2)^2$　　　　　　　　　(2)　$(x+5y)^2$

(3)　$(4x-3)^2$　　　　　　　　*(4)　$(3x-2y)^2$

*(5)　$(2x+3)(2x-3)$　　　　　　(6)　$(3x+4)(3x-4)$

*(7)　$(4x+3y)(4x-3y)$　　　　　(8)　$(x+3y)(x-3y)$

16　次の式を展開せよ。　　　　　　　　　　　　　　　▶國 p.10 例13

(1)　$(x+3)(x+2)$　　*(2)　$(x-5)(x+3)$　　(3)　$(x+2)(x-3)$

*(4)　$(x-5)(x-1)$　　(5)　$(x-1)(x+4)$　　*(6)　$(x+3y)(x+4y)$

(7)　$(x-2y)(x-4y)$　*(8)　$(x+10y)(x-5y)$　(9)　$(x-3y)(x-7y)$

17　次の式を展開せよ。　　　　　　　　　　　　　　　▶國 p.11 例14

*(1)　$(3x+1)(x+2)$　　(2)　$(2x+1)(5x-3)$　　*(3)　$(5x-1)(3x+2)$

(4)　$(4x-3)(3x-2)$　　(5)　$(3x-7)(4x+3)$　　(6)　$(-2x+1)(3x-2)$

18　次の式を展開せよ。　　　　　　　　　　　　　　　▶國 p.11 例15

*(1)　$(4x+y)(3x-2y)$　　　　　　(2)　$(7x-3y)(2x-3y)$

*(3)　$(5x-2y)(2x-y)$　　　　　　(4)　$(-x+2y)(3x-5y)$

19　次の式を展開せよ。　　　　　　　　　　　　　▶國 p.12 例題1，例16

*(1)　$(a+2b+1)^2$　　　　　　　(2)　$(3a-2b+1)^2$

(3)　$(a-b-c)^2$　　　　　　　　*(4)　$(2x-y+3z)^2$

SPIRAL B

20　次の式の計算をせよ。　　　　　　　　　　　　　▶國 p.8 例8，9

(1)　$(-2xy^3)^2 \times \left(-\dfrac{1}{2}x^2y\right)^3$

*(2)　$(-3xy^3)^2 \times (-2x^3y)^3 \times \left(-\dfrac{1}{3}xy\right)^4$

21　次の式を展開せよ。　　　　　　　　　　　▶國 p.11 例15，p.9 例11

*(1)　$(3x-2a)(2x+a)$　　　　　　(2)　$(2ab-1)(3ab+1)$

*(3)　$(x+y-1)(2a-3b)$　　　　　(4)　$(a^2+3ab+2b^2)(x-y)$

22　次の式の計算をせよ。　　　　　　　　　　　　　▶國 p.10 例12

*(1)　$(a+2)^2-(a-2)^2$　　　　　　(2)　$(2x+3y)^2+(2x-3y)^2$

*(3)　$(x+2y)(x-2y)-(x+3y)(x-3y)$

23 次の式を展開せよ。 ▶國p.13例題2

*(1) $(x+2y+3)(x+2y-3)$ (2) $(3x+y-5)(3x+y+5)$

*(3) $(x^2-x+2)(x^2-x-4)$ (4) $(x^2+2x+1)(x^2+2x+3)$

*(5) $(x+y-3)(x-y+3)$ (6) $(3x^2-2x+1)(3x^2+2x+1)$

24 次の式を展開せよ。 ▶國p.13応用例題1

*(1) $(x^2+9)(x+3)(x-3)$ (2) $(x^2+4y^2)(x+2y)(x-2y)$

(3) $(a^2+b^2)(a+b)(a-b)$ *(4) $(4x^2+9y^2)(2x-3y)(2x+3y)$

25 次の式を展開せよ。 ▶國p.13応用例題1

*(1) $(a+2b)^2(a-2b)^2$ (2) $(3x+2y)^2(3x-2y)^2$

(3) $(-2x+y)^2(-2x-y)^2$ *(4) $(5x-3y)^2(-3y-5x)^2$

26 次の式を展開したとき，x^3 の係数を求めよ。

(1) $(x^2-x+1)(-x^2+4x+3)$

(2) $(x^3-x^2+x-2)(2x^2-x+5)$

SPIRAL **C**

掛ける組合せの工夫

例題 2 $(x+1)(x+2)(x-3)(x-4)$ を展開せよ。

考え方 掛ける組合せを工夫する。

解
$$(x+1)(x+2)(x-3)(x-4) = (x+1)(x-3) \times (x+2)(x-4)$$
$$= (x^2-2x-3)(x^2-2x-8)$$
ここで，$x^2-2x=A$ とおくと
$$(x^2-2x-3)(x^2-2x-8) = (A-3)(A-8)$$
$$= A^2-11A+24$$
$$= (x^2-2x)^2-11(x^2-2x)+24 \quad \Big) \substack{A を x^2-2x \\ にもどす}$$
$$= x^4-4x^3+4x^2-11x^2+22x+24$$
$$= \boldsymbol{x^4-4x^3-7x^2+22x+24} \quad \boxed{答}$$

27 次の式を展開せよ。

(1) $(x+1)(x-2)(x-1)(x-4)$ (2) $(x+2)(x-2)(x+1)(x+5)$

❖3　因数分解

▶教p.14〜p.22

❶ 因数分解の公式

Ⅰ　共通因数のくくり出し

$$AB + AC = A(B + C)$$

Ⅱ　因数分解の公式

[1]　$a^2 + 2ab + b^2 = (a+b)^2, \quad a^2 - 2ab + b^2 = (a-b)^2$

[2]　$a^2 - b^2 = (a+b)(a-b)$

[3]　$x^2 + (a+b)x + ab = (x+a)(x+b)$

[4]　$acx^2 + (ad+bc)x + bd = (ax+b)(cx+d)$

❷ 因数分解の方法

①　共通因数があればくくり出す。

②　最も次数が低い文字について降べきの順に整理する。

③　適当な置きかえをしたり，項の組合せを考える。

SPIRAL A

28　次の式を因数分解せよ。　▶教p.14例17

*(1)　$x^2 + 3x$　　　(2)　$x^2 + x$　　　(3)　$2x^2 - x$

(4)　$4xy^2 - xy$　　*(5)　$3ab^2 - 6a^2b$　　(6)　$12x^2y^3 - 20x^3yz$

29　次の式を因数分解せよ。　▶教p.15例18

(1)　$abx^2 - abx + 2ab$　　*(2)　$2x^2y + xy^2 - 3xy$

*(3)　$12ab^2 - 32a^2b + 8abc$　　(4)　$3x^2 + 6xy - 9x$

30　次の式を因数分解せよ。　▶教p.15例19

(1)　$(a+2)x + (a+2)y$　　(2)　$x(a-3) - 2(a-3)$

*(3)　$(3a-2b)x - (3a-2b)y$　　*(4)　$3x(2a-b) - (2a-b)$

31　次の式を因数分解せよ。　▶教p.15例題3

*(1)　$(3a-2)x + (2-3a)y$　　*(2)　$x(3a-2b) - y(2b-3a)$

(3)　$a(x-2y) - b(2y-x)$　　(4)　$(2a+b)x - 2a - b$

32　次の式を因数分解せよ。　▶教p.16例20，21

(1)　$x^2 + 2x + 1$　　*(2)　$x^2 - 12x + 36$　　(3)　$9 - 6x + x^2$

(4)　$x^2 + 4xy + 4y^2$　　(5)　$4x^2 + 4xy + y^2$　　*(6)　$9x^2 - 30xy + 25y^2$

33　次の式を因数分解せよ。　　　　　　　　　　　　　　　　　　　▶教p.16例22

(1)　$x^2 - 81$　　　　　　*(2)　$9x^2 - 16$　　　　　　(3)　$36x^2 - 25y^2$

*(4)　$49x^2 - 4y^2$　　　　(5)　$64x^2 - 81y^2$　　　(6)　$100x^2 - 9y^2$

34　次の式を因数分解せよ。　　　　　　　　　　　　　　　　　　　▶教p.17例23

(1)　$x^2 + 5x + 4$　　　　*(2)　$x^2 + 7x + 12$　　　(3)　$x^2 - 6x + 8$

*(4)　$x^2 - 3x - 10$　　　(5)　$x^2 + 4x - 12$　　　*(6)　$x^2 - 8x + 15$

(7)　$x^2 - 3x - 54$　　　*(8)　$x^2 + 7x - 18$　　　(9)　$x^2 - x - 30$

35　次の式を因数分解せよ。　　　　　　　　　　　　　　　　　　　▶教p.17例24

*(1)　$x^2 + 6xy + 8y^2$　　　　　　　　(2)　$x^2 + 7xy + 6y^2$

*(3)　$x^2 - 2xy - 24y^2$　　　　　　　(4)　$x^2 + 3xy - 28y^2$

(5)　$x^2 - 7xy + 12y^2$　　　　　　　*(6)　$a^2 - ab - 20b^2$

(7)　$a^2 + ab - 42b^2$　　　　　　　(8)　$a^2 - 13ab + 36b^2$

36　次の式を因数分解せよ。　　　　　　　　　　　　　　　　　　　▶教p.19例25

(1)　$3x^2 + 4x + 1$　　　　*(2)　$2x^2 + 7x + 3$　　　(3)　$2x^2 - 5x + 2$

*(4)　$3x^2 - 8x - 3$　　　(5)　$3x^2 + 16x + 5$　　　(6)　$5x^2 - 8x + 3$

(7)　$6x^2 + x - 1$　　　　(8)　$5x^2 + 7x - 6$　　　*(9)　$6x^2 + 17x + 12$

*(10)　$6x^2 + x - 15$　　　(11)　$4x^2 - 4x - 15$　　　(12)　$6x^2 - 11x - 35$

37　次の式を因数分解せよ。　　　　　　　　　　　　　　　　　　　▶教p.19例題4

(1)　$5x^2 + 6xy + y^2$　　　　　　　　*(2)　$7x^2 - 13xy - 2y^2$

(3)　$2x^2 - 7xy + 6y^2$　　　　　　　*(4)　$6x^2 - 5xy - 6y^2$

38　次の式を因数分解せよ。　　　　　　　　　　　　　　　　　　　▶教p.20例題5

(1)　$(x - y)^2 + 2(x - y) - 15$　　　　*(2)　$(x + 2y)^2 - 3(x + 2y) - 10$

(3)　$(2x - y)^2 + 4(2x - y) + 4$　　　*(4)　$2(x - 3)^2 - 7(x - 3) + 3$

(5)　$(x + 2y)^2 + 2(x + 2y)$　　　　(6)　$2(x - y)^2 - x + y$

39 次の式を因数分解せよ。　　　　　　　　　　　　　　▶教 p.20 応用例題2

*(1) $x^4 - 5x^2 + 4$ 　　　　　　(2) $x^4 - 10x^2 + 9$

*(3) $x^4 - 16$ 　　　　　　　　(4) $x^4 - 81$

40 次の式を因数分解せよ。　　　　　　　　　　　　　　▶教 p.21 応用例題3

*(1) $(x^2 + x)^2 - 3(x^2 + x) + 2$ 　　(2) $(x^2 - 2x)^2 - (x^2 - 2x) - 6$

(3) $(x^2 + 5x)^2 - 36$ 　　　*(4) $(x^2 + x - 1)(x^2 + x - 5) + 3$

41 次の式を因数分解せよ。　　　　　　　　　　　　　　▶教 p.21 例題6

*(1) $2a + 2b + ab + b^2$ 　　　　(2) $a^2 - 3b + ab - 3a$

*(3) $a^2 + c^2 - ab - bc + 2ac$ 　　(4) $a^3 + b - a^2b - a$

(5) $a^2 + ab - 2b^2 + 2bc - 2ca$

SPIRAL B

42 次の式を因数分解せよ。

*(1) $bx^2 - 4a^2by^2$ 　　　　　*(2) $2ax^2 - 4ax + 2a$

(3) $2a^2x^3 + 6a^2x^2 - 20a^2x$ 　　(4) $x^4 + x^3 + \dfrac{1}{4}x^2$

43 次の式を因数分解せよ。

(1) $x^2(a^2 - b^2) + y^2(b^2 - a^2)$ 　　(2) $(x + 1)a^2 - x - 1$

44 次の式を因数分解せよ。　　　　　　　　　　　　　　▶教 p.22 応用例題4

(1) $x^2 + (2y + 1)x + (y - 3)(y + 4)$

(2) $x^2 + (y - 2)x - (2y - 5)(y - 3)$

*(3) $x^2 + 3xy + 2y^2 + x + 3y - 2$

*(4) $2x^2 - 3xy - 2y^2 + x + 3y - 1$

(5) $2x^2 + 5xy + 2y^2 + 5x + y - 3$

*(6) $6x^2 - 7xy + 2y^2 - 6x + 5y - 12$

45 次の式を因数分解せよ。

(1) $(x - 2)^2 - y^2$ 　　　　　(2) $x^2 + 6x + 9 - 16y^2$

(3) $4x^2 - y^2 - 8y - 16$ 　　　(4) $9x^2 - y^2 + 4y - 4$

46 次の式を因数分解せよ。

$x^2(y - z) + y^2(z - x) + z^2(x - y)$

SPIRAL C

因数分解の公式の利用

例題 3

次の式を因数分解せよ。

(1) $x^4 + 3x^2 + 4$ (2) $x^4 + 4$

考え方　$A^2 - B^2 = (A + B)(A - B)$ を利用する。

解　(1) $x^4 + 3x^2 + 4$
$= x^4 + 4x^2 + 4 - x^2$
$= (x^2 + 2)^2 - x^2$
$= \{(x^2 + 2) + x\}\{(x^2 + 2) - x\}$
$= (x^2 + x + 2)(x^2 - x + 2)$ 答

(2) $x^4 + 4$
$= x^4 + 4x^2 + 4 - 4x^2$
$= (x^2 + 2)^2 - (2x)^2$
$= \{(x^2 + 2) + 2x\}\{(x^2 + 2) - 2x\}$
$= (x^2 + 2x + 2)(x^2 - 2x + 2)$ 答

47 次の式を因数分解せよ。

(1) $x^4 + 2x^2 + 9$ (2) $x^4 - 3x^2 + 1$

(3) $x^4 - 8x^2 + 4$ (4) $x^4 + 64$

積の組合せの工夫

例題 4

次の式を因数分解せよ。
$$(x + 1)(x + 2)(x - 3)(x - 4) - 24$$

考え方　積の組合せを考える。
$$(x + 1)(x - 3) = x^2 - 2x - 3, \quad (x + 2)(x - 4) = x^2 - 2x - 8$$
となり，$x^2 - 2x = A$ とおくと A の2次式で表すことができる。

解　　$(x + 1)(x + 2)(x - 3)(x - 4) - 24$
$= (x + 1)(x - 3)(x + 2)(x - 4) - 24$
$= \{(x^2 - 2x) - 3\}\{(x^2 - 2x) - 8\} - 24$ ←$x^2 - 2x = A$ とおくと
$= (x^2 - 2x)^2 - 11(x^2 - 2x) + 24 - 24$ ←$A^2 - 11A + 24 - 24$
$= (x^2 - 2x)^2 - 11(x^2 - 2x)$ ←$A^2 - 11A = A(A - 11)$
$= (x^2 - 2x)(x^2 - 2x - 11)$
$= x(x - 2)(x^2 - 2x - 11)$ 答

48 次の式を因数分解せよ。

(1) $(x + 1)(x + 2)(x + 3)(x + 4) - 24$

(2) $(x - 1)(x - 3)(x - 5)(x - 7) - 9$

思考力 PLUS 3 次式の展開と因数分解

▶教 p.24〜p.25

1 乗法公式

[1] $(a+b)^3 = a^3 + 3a^2b + 3ab^2 + b^3$

$(a-b)^3 = a^3 - 3a^2b + 3ab^2 - b^3$

[2] $(a+b)(a^2-ab+b^2) = a^3 + b^3$

$(a-b)(a^2+ab+b^2) = a^3 - b^3$

2 因数分解の公式

[3] $a^3 + b^3 = (a+b)(a^2-ab+b^2)$

$a^3 - b^3 = (a-b)(a^2+ab+b^2)$

SPIRAL A

49 次の式を展開せよ。

▶教 p.24 例1

(1) $(x+3)^3$

(2) $(a-2)^3$

(3) $(3x+1)^3$

(4) $(2x-1)^3$

(5) $(2x+3y)^3$

(6) $(-a+2b)^3$

50 次の式を展開せよ。

▶教 p.25 例2

(1) $(x+3)(x^2-3x+9)$

(2) $(x-1)(x^2+x+1)$

(3) $(3x-2)(9x^2+6x+4)$

(4) $(x+4y)(x^2-4xy+16y^2)$

51 次の式を因数分解せよ。

▶教 p.25 例3

(1) x^3+8

(2) $27x^3-1$

(3) $27x^3+8y^3$

(4) $64x^3-27y^3$

(5) $x^3-y^3z^3$

(6) $(a-b)^3-c^3$

52 次の式を因数分解せよ。

▶教 p.25 例3

(1) x^4y-xy^4

(2) x^6-y^6

2節 実数

⋮1 実数

1 実数の分類

▶教p.26〜p.28

有理数 分数の形で表される数で，整数や，有限小数，循環小数で表される。

注 循環小数 ある位以下では数字の同じ並びがくり返される無限小数

無理数 分数の形で表すことができない数

実数 有理数と無理数をあわせた数

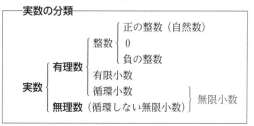

2 数直線と絶対値

数直線 直線上の点に実数を対応させた直線

絶対値 数直線上で，実数 a に対応する点Pと原点Oとの距離 OP。$|a|$ と表す。

$$a \geqq 0 \text{ のとき } |a| = a \qquad a < 0 \text{ のとき } |a| = -a$$

SPIRAL A

53 次の分数を小数で表せ。　　　　　　　　　　　　　▶教p.26例1

*(1) $\dfrac{7}{4}$　　　(2) $\dfrac{7}{5}$　　　*(3) $\dfrac{5}{3}$　　　(4) $\dfrac{1}{12}$

54 次の分数を循環小数の記号・を用いて表せ。　　　　▶教p.26練習1

*(1) $\dfrac{4}{9}$　　　*(2) $\dfrac{10}{3}$　　　(3) $\dfrac{13}{33}$　　　(4) $\dfrac{33}{7}$

55 次の実数に対応する点を数直線上にしるせ。　　　　▶教p.28練習2

*(1) -3　　*(2) 0.25　　(3) $\dfrac{3}{4}$　　(4) $-\dfrac{5}{2}$　　*(5) $-\sqrt{3}$

56 次の値を，絶対値記号を用いないで表せ。　　　　　▶教p.28例2

*(1) $|3|$　　*(2) $|-6|$　　*(3) $|-3.1|$　　(4) $\left|\dfrac{1}{2}\right|$　　(5) $\left|-\dfrac{3}{5}\right|$

*(6) $|\sqrt{7}-\sqrt{6}|$　　(7) $|\sqrt{2}-\sqrt{5}|$　　*(8) $|3-\sqrt{3}|$　　(9) $|3-\sqrt{10}|$

SPIRAL B

57 次の数の中から，① 自然数，② 整数，③ 有理数，④ 無理数 であるものをそれぞれ選べ。

$$-3, \quad 0, \quad \frac{22}{3}, \quad -\frac{1}{4}, \quad \sqrt{3}, \quad \pi, \quad 5, \quad 0.\dot{5}$$

58 次の文の下線部が正しいかどうか答えよ。

(1) 2つの自然数の差は自然数である。

(2) 2つの整数の和，差，積はすべて整数である。

例題 5	循環小数 $1.\dot{2}3\dot{4}$ を分数で表せ。

循環小数の分数表示
▶️数 p.34参考

解

$x = 1.\dot{2}3\dot{4} = 1.234234234\cdots\cdots$ とおくと

$1000x = 1234.234234234\cdots\cdots \quad \cdots\cdots①$

$x = \quad 1.234234234\cdots\cdots \quad \cdots\cdots②$

①$-$② より $\quad 999x = 1233 \quad$ よって $\quad x = \dfrac{1233}{999} = \dfrac{\mathbf{137}}{\mathbf{111}}$ 答

59 次の循環小数を分数で表せ。

(1) $0.\dot{3}$ *(2) $0.\dot{1}\dot{2}$ (3) $1.1\dot{3}\dot{6}$ *(4) $1.2\dot{3}$

SPIRAL C

例題 6	a が次の値をとるとき，$|a-3|+|1-2a|$ の値をそれぞれ求めよ。

絶対値記号を含む式の値
▶️数 p.49章末4

(1) $a = 5$ (2) $a = 1$ (3) $a = -1$

解

(1) $|a-3|+|1-2a| = |5-3|+|1-2\times5|$
$= |2|+|-9| = 2+9 = \mathbf{11}$ 答

(2) $|a-3|+|1-2a| = |1-3|+|1-2\times1|$
$= |-2|+|-1| = 2+1 = \mathbf{3}$ 答

(3) $|a-3|+|1-2a| = |-1-3|+|1-2\times(-1)|$
$= |-4|+|3| = 4+3 = \mathbf{7}$ 答

60 a が次の値をとるとき，$|2a-3|-|4-3a|$ の値をそれぞれ求めよ。

(1) $a = 2$ (2) $a = 1$ (3) $a = 0$ (4) $a = -1$

:2 | 根号を含む式の計算

▶数 p.29〜p.35

1 平方根

2乗すると a になる数を a の**平方根**といい，正の数 a の平方根は $\pm\sqrt{a}$

$$\left.\begin{array}{l} a \geqq 0 \text{ のとき } \sqrt{a^2} = a \\ a < 0 \text{ のとき } \sqrt{a^2} = -a \end{array}\right\} \sqrt{a^2} = |a|$$

2 根号を含む式の計算

定義より $(\sqrt{a})^2 = a$

$a > 0,\ b > 0$ のとき $[1]\ \sqrt{a}\sqrt{b} = \sqrt{ab}$ $[2]\ \dfrac{\sqrt{a}}{\sqrt{b}} = \sqrt{\dfrac{a}{b}}$

$a > 0,\ k > 0$ のとき $\sqrt{k^2 a} = k\sqrt{a}$

3 分母の有理化

分母に根号を含む式を，分母に根号を含まない形に変形すること。

$[1]\ \dfrac{1}{\sqrt{a}} = \dfrac{\sqrt{a}}{\sqrt{a} \times \sqrt{a}} = \dfrac{\sqrt{a}}{a}$

$[2]\ \dfrac{1}{\sqrt{a} + \sqrt{b}} = \dfrac{\sqrt{a} - \sqrt{b}}{(\sqrt{a} + \sqrt{b})(\sqrt{a} - \sqrt{b})} = \dfrac{\sqrt{a} - \sqrt{b}}{a - b}$

$\dfrac{1}{\sqrt{a} - \sqrt{b}} = \dfrac{\sqrt{a} + \sqrt{b}}{(\sqrt{a} - \sqrt{b})(\sqrt{a} + \sqrt{b})} = \dfrac{\sqrt{a} + \sqrt{b}}{a - b}$

SPIRAL A

61 次の値を求めよ。 ▶数 p.29 例3

(1) 7 の平方根　　*(2) $\sqrt{36}$　　(3) $\dfrac{1}{9}$ の平方根　　*(4) $\sqrt{\dfrac{1}{4}}$

62 次の値を求めよ。 ▶数 p.29

*(1) $\sqrt{7^2}$　　　(2) $\sqrt{(-3)^2}$　　(3) $\sqrt{\left(\dfrac{2}{3}\right)^2}$　　*(4) $\sqrt{\left(-\dfrac{5}{8}\right)^2}$

63 次の式を計算せよ。 ▶数 p.30 例4

(1) $\sqrt{3} \times \sqrt{5}$　　　(2) $\sqrt{6} \times \sqrt{7}$　　　*(3) $\sqrt{2} \times \sqrt{3} \times \sqrt{5}$

*(4) $\dfrac{\sqrt{10}}{\sqrt{5}}$　　　(5) $\dfrac{\sqrt{30}}{\sqrt{6}}$　　　*(6) $\sqrt{12} \div \sqrt{3}$

64 次の式を $k\sqrt{a}$ の形に表せ。 ▶数 p.30 例5

(1) $\sqrt{8}$　　　　*(2) $\sqrt{24}$　　　　(3) $\sqrt{28}$

(4) $\sqrt{32}$　　　　*(5) $\sqrt{63}$　　　　(6) $\sqrt{98}$

65 次の式を計算せよ。 ▶数 p.30 例6

(1) $\sqrt{3} \times \sqrt{15}$　　*(2) $\sqrt{6} \times \sqrt{2}$　　(3) $\sqrt{6} \times \sqrt{12}$　　*(4) $\sqrt{5} \times \sqrt{20}$

66 次の式を簡単にせよ。　　　　　　　　　　　　　▶國 p.31 例7

(1) $3\sqrt{3} - \sqrt{3}$ 　　　　　　　　*(2) $\sqrt{2} - 2\sqrt{2} + 5\sqrt{2}$

(3) $\sqrt{18} - \sqrt{32}$ 　　　　　　　*(4) $\sqrt{12} + \sqrt{48} - 5\sqrt{3}$

(5) $(3\sqrt{2} - 3\sqrt{3}) + (\sqrt{2} + 2\sqrt{3})$ 　(6) $(\sqrt{20} - \sqrt{8}) - (\sqrt{5} - \sqrt{32})$

67 次の式を簡単にせよ。　　　　　　　　　　　　　▶國 p.31 例題1

(1) $(3\sqrt{2} - \sqrt{3})(\sqrt{2} + 2\sqrt{3})$ 　　*(2) $(2\sqrt{2} - \sqrt{5})(3\sqrt{2} + 2\sqrt{5})$

*(3) $(\sqrt{3} + 2)^2$ 　　　(4) $(\sqrt{3} + \sqrt{7})^2$ 　　(5) $(\sqrt{2} - 1)^2$

(6) $(2\sqrt{3} - 2\sqrt{2})^2$ 　　　　　　*(7) $(\sqrt{7} + \sqrt{2})(\sqrt{7} - \sqrt{2})$

68 次の式の分母を有理化せよ。　　　　　　　　　　▶國 p.32 例8

(1) $\dfrac{\sqrt{2}}{\sqrt{5}}$ 　*(2) $\dfrac{8}{\sqrt{2}}$ 　(3) $\dfrac{9}{\sqrt{3}}$ 　(4) $\dfrac{3}{2\sqrt{3}}$ 　*(5) $\dfrac{\sqrt{5}}{\sqrt{27}}$

69 次の式の分母を有理化せよ。　　　　　　　　　　▶國 p.32 例題2

(1) $\dfrac{1}{\sqrt{5} - \sqrt{3}}$ 　*(2) $\dfrac{4}{\sqrt{7} + \sqrt{3}}$ 　(3) $\dfrac{2}{\sqrt{3} + 1}$ 　(4) $\dfrac{\sqrt{2}}{2 - \sqrt{5}}$

*(5) $\dfrac{5}{2 + \sqrt{3}}$ 　(6) $\dfrac{\sqrt{11} - 3}{\sqrt{11} + 3}$ 　(7) $\dfrac{3 - \sqrt{7}}{3 + \sqrt{7}}$ 　*(8) $\dfrac{\sqrt{2} + \sqrt{5}}{\sqrt{2} - \sqrt{5}}$

SPIRAL B

70 次の x の値に対して，$\sqrt{(x-3)^2}$ の値を求めよ。

(1) $x = 7$ 　　　　(2) $x = 3$ 　　　　(3) $x = 1$

71 次の式を簡単にせよ。　　　　　　　　　　　　　▶國 p.31 例7, 例題1

(1) $(\sqrt{32} - \sqrt{75}) - (2\sqrt{18} - 3\sqrt{12})$ 　*(2) $(3\sqrt{8} + 2\sqrt{12}) - (\sqrt{50} - 3\sqrt{27})$

*(3) $(\sqrt{20} - \sqrt{2})(\sqrt{5} + \sqrt{32})$ 　　　(4) $(\sqrt{27} - \sqrt{32})^2$

72 次の式を簡単にせよ。

(1) $\dfrac{1}{\sqrt{3}} - \dfrac{1}{\sqrt{12}} - \dfrac{1}{\sqrt{27}}$ 　　　　*(2) $\dfrac{1}{3 - \sqrt{5}} + \dfrac{1}{3 + \sqrt{5}}$

(3) $\dfrac{\sqrt{3}}{\sqrt{3} + \sqrt{2}} - \dfrac{\sqrt{2}}{\sqrt{3} - \sqrt{2}}$ 　　*(4) $\dfrac{4}{\sqrt{5} - 1} - \dfrac{1}{\sqrt{5} + 2}$

73 次の式を簡単にせよ。

*(1) $\dfrac{3}{\sqrt{5} - \sqrt{2}} - \dfrac{2}{\sqrt{5} + \sqrt{3}} - \dfrac{1}{\sqrt{3} - \sqrt{2}}$

(2) $\dfrac{\sqrt{3}}{3 - \sqrt{6}} + \dfrac{2}{\sqrt{5} + \sqrt{3}} + \dfrac{\sqrt{3} + \sqrt{2}}{5 + 2\sqrt{6}}$

SPIRAL C

式の値

例題 7

$x = \sqrt{3} + \sqrt{2}$, $y = \sqrt{3} - \sqrt{2}$ のとき，次の式の値を求めよ。

▶國p.34思考力➕

(1) $x + y$ (2) xy (3) $x^2 + y^2$ (4) $x^3 + y^3$

考え方 $x^2 + y^2 = (x+y)^2 - 2xy$, $x^3 + y^3 = (x+y)^3 - 3xy(x+y)$ を利用するとよい。

解

(1) $x + y = (\sqrt{3} + \sqrt{2}) + (\sqrt{3} - \sqrt{2}) = 2\sqrt{3}$ **答**

(2) $xy = (\sqrt{3} + \sqrt{2})(\sqrt{3} - \sqrt{2}) = 3 - 2 = 1$ **答**

(3) $x^2 + y^2 = (x+y)^2 - 2xy = (2\sqrt{3})^2 - 2 \times 1 = 12 - 2 = 10$ **答**

(4) $x^3 + y^3 = (x+y)^3 - 3xy(x+y)$
$= (2\sqrt{3})^3 - 3 \times 1 \times 2\sqrt{3} = 24\sqrt{3} - 6\sqrt{3} = 18\sqrt{3}$ **答**

74 $x = \dfrac{\sqrt{3}-1}{\sqrt{3}+1}$, $y = \dfrac{\sqrt{3}+1}{\sqrt{3}-1}$ のとき，次の式の値を求めよ。

(1) $x + y$ (2) xy (3) $x^2 + y^2$ (4) $x^3 + y^3$ (5) $\dfrac{x}{y} + \dfrac{y}{x}$

75 $x = \dfrac{2}{\sqrt{3}+1}$ のとき，次の問いに答えよ。

(1) 分母を有理化せよ。   (2) $(x+1)^2$ の値を求めよ。

(3) $x^2 + 2x + 2$ の値を求めよ。

根号を含む式の整数部分と小数部分

例題 8

$\dfrac{1}{\sqrt{2}-1}$ の整数部分を a，小数部分を b とするとき，a と b の値を求めよ。

▶國p.50章末9

解

$\dfrac{1}{\sqrt{2}-1} = \dfrac{\sqrt{2}+1}{(\sqrt{2}-1)(\sqrt{2}+1)} = \dfrac{\sqrt{2}+1}{(\sqrt{2})^2 - 1^2} = \sqrt{2}+1$

ここで $1 < \sqrt{2} < 2$ であるから
$2 < \sqrt{2}+1 < 3$

ゆえに $a = 2$ **答**

よって $b = \sqrt{2}+1-2 = \sqrt{2}-1$ **答**

76 $\dfrac{2}{3-\sqrt{7}}$ の整数部分を a，小数部分を b とするとき，a と b の値を求めよ。

―――二重根号

例題 9

次の式の二重根号をはずせ。

▶教 p.35 思考力➕発展

(1) $\sqrt{6+\sqrt{32}}$　　　　(2) $\sqrt{2-\sqrt{3}}$

考え方 $a>0$，$b>0$ のとき　$\sqrt{(a+b)+2\sqrt{ab}}=\sqrt{(\sqrt{a}+\sqrt{b})^2}=\sqrt{a}+\sqrt{b}$

$a>b>0$ のとき　$\sqrt{(a+b)-2\sqrt{ab}}=\sqrt{(\sqrt{a}-\sqrt{b})^2}=\sqrt{a}-\sqrt{b}$

(2)は，$\sqrt{3}$ の前に 2 をつけるように工夫して計算する。

解 (1) $\sqrt{6+\sqrt{32}}=\sqrt{6+2\sqrt{8}}=\sqrt{(\sqrt{4}+\sqrt{2})^2}=\sqrt{(2+\sqrt{2})^2}=2+\sqrt{2}$　**答**

(2) $\sqrt{2-\sqrt{3}}=\sqrt{\dfrac{4-2\sqrt{3}}{2}}=\dfrac{\sqrt{4-2\sqrt{3}}}{\sqrt{2}}=\dfrac{\sqrt{(\sqrt{3}-1)^2}}{\sqrt{2}}=\dfrac{\sqrt{3}-1}{\sqrt{2}}$

$=\dfrac{(\sqrt{3}-1)\times\sqrt{2}}{\sqrt{2}\times\sqrt{2}}=\dfrac{\sqrt{6}-\sqrt{2}}{2}$　**答**

77 次の式の二重根号をはずせ。

(1) $\sqrt{7+2\sqrt{12}}$　　(2) $\sqrt{9-2\sqrt{14}}$　　(3) $\sqrt{8+\sqrt{48}}$

(4) $\sqrt{5-\sqrt{24}}$　　(5) $\sqrt{15-6\sqrt{6}}$　　(6) $\sqrt{11+4\sqrt{6}}$

78 次の式の二重根号をはずせ。

(1) $\sqrt{3+\sqrt{5}}$　　(2) $\sqrt{4-\sqrt{7}}$　　(3) $\sqrt{6+3\sqrt{3}}$　　(4) $\sqrt{14-5\sqrt{3}}$

―――分母の有理化の工夫

例題 10

$\dfrac{1}{1+\sqrt{2}+\sqrt{3}}$ の分母を有理化せよ。

▶教 p.50 章末7

考え方 $\{(1+\sqrt{2})+\sqrt{3}\}\{(1+\sqrt{2})-\sqrt{3}\}=(1+\sqrt{2})^2-(\sqrt{3})^2=3+2\sqrt{2}-3=2\sqrt{2}$

となることを利用する。

解 $\dfrac{1}{1+\sqrt{2}+\sqrt{3}}=\dfrac{1+\sqrt{2}-\sqrt{3}}{(1+\sqrt{2}+\sqrt{3})(1+\sqrt{2}-\sqrt{3})}$

$=\dfrac{1+\sqrt{2}-\sqrt{3}}{(1+\sqrt{2})^2-(\sqrt{3})^2}$

$=\dfrac{1+\sqrt{2}-\sqrt{3}}{2\sqrt{2}}=\dfrac{(1+\sqrt{2}-\sqrt{3})\times\sqrt{2}}{2\sqrt{2}\times\sqrt{2}}=\dfrac{\sqrt{2}+2-\sqrt{6}}{4}$　**答**

79 次の式の分母を有理化せよ。

(1) $\dfrac{1}{\sqrt{2}+\sqrt{3}+\sqrt{5}}$　　　　(2) $\dfrac{1}{\sqrt{2}+\sqrt{5}+\sqrt{7}}$

3節　1次不等式

| ∴1 | 不等号と不等式 | | ∴2 | 不等式の性質 |

▶國 p.36〜p.39

■ 不等号の意味

$x < a$　x は a より小さい（x は a 未満）　　$x \leqq a$　x は a 以下

$x > a$　x は a より大きい　　　　　　　　　$x \geqq a$　x は a 以上

■ 不等式の性質

不等号を含む式を**不等式**といい，$a < b$ のとき，次の性質が成り立つ。

[1]　$a + c < b + c,\ a - c < b - c$

[2]　$c > 0$ ならば　　$ac < bc,\ \dfrac{a}{c} < \dfrac{b}{c}$

[3]　$c < 0$ ならば　　$ac > bc,\ \dfrac{a}{c} > \dfrac{b}{c}$

SPIRAL A

80 次の数量の大小関係を，不等号を用いて表せ。　　▶國 p.36 例1

(1)　x は -2 より小さい　　　　*(2)　x は 3 未満

(3)　x は 4 以下　　　　　　　　*(4)　x は 3 より大きい

(5)　x は 10 以上　　　　　　　 *(6)　x は -3 以上 3 以下

(7)　x は 0 より大きく 3 より小さい

81 次の数量の大小関係を不等式で表せ。　　▶國 p.37 例2

*(1)　ある数 x を 2 倍して 3 を引いた数は，6 より大きい。

(2)　ある数 x を 3 で割って 2 を加えた数は，x の 5 倍以下である。

(3)　ある数 x を -5 倍して 4 を引いた数は，-5 以上でかつ 3 未満である。

*(4)　1 本 60 円のえんぴつを x 本と，1 冊 150 円のノートを 3 冊買ったとき
　　　の合計金額は，1800 円未満であった。

82 $a < b$ のとき，次の 2 つの数の大小関係を不等号を用いて表せ。▶國 p.39 例3

*(1)　$a + 3,\quad b + 3$　　　　　　(2)　$a - 5,\quad b - 5$

*(3)　$4a,\quad 4b$　　　　　　　　(4)　$-5a,\quad -5b$

(5)　$\dfrac{a}{5},\quad \dfrac{b}{5}$　　　　　　　　*(6)　$-\dfrac{a}{5},\quad -\dfrac{b}{5}$

(7)　$2a - 1,\quad 2b - 1$　　　　*(8)　$1 - 3a,\quad 1 - 3b$

⋮3 ┃ 1次不等式(1)

❶ x の値の範囲と数直線　　　　　　　　　　　　　　▶数 p.40〜p.42

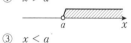

① $x > a$

② $x \geqq a$

③ $x < a$

④ $x \leqq a$

❷ 1次不等式の解き方

x についての不等式を満たす x の値を**不等式の解**といい，不等式のすべての解を求めることを**不等式を解く**という。

① 移項して $ax > b$ や $ax < b$ の形に整理する。

② $ax > b$ の解は　　$a > 0$ のとき　$x > \dfrac{b}{a}$

　　　　　　　　　　　$a < 0$ のとき　$x < \dfrac{b}{a}$

SPIRAL A

83 次の不等式で表された x の値の範囲を，数直線上に図示せよ。　▶数 p.40 例4

(1) $x \geqq 0$　　　　　　　　　　　　*(2) $x \leqq 5$

(3) $x > 1$　　　　　　　　　　　　　*(4) $x < -2$

84 次の1次不等式を解け。　　　　　　　　　　　　　　▶数 p.41 例5

(1) $x - 1 > 2$　　　　　　　　　　*(2) $x + 5 < 12$

(3) $x + 8 \leqq 6$　　　　　　　　　*(4) $x - 6 \geqq 0$

(5) $3 + x > -2$　　　　　　　　　*(6) $-2 + x \leqq -2$

85 次の1次不等式を解け。　　　　　　　　　　　　　　▶数 p.41 例5

(1) $2x - 1 > 3$　　　　　　　　　*(2) $3x + 5 < 20$

(3) $4x - 1 \leqq 6$　　　　　　　　*(4) $2x + 1 \geqq 0$

*(5) $-3x + 2 \leqq 5$　　　　　　　(6) $6 - 2x \geqq 3$

86 次の1次不等式を解け。　　　　　　　　　　　　　　▶数 p.42 例題1

*(1) $7 - 4x < 3 - 2x$　　　　　　(2) $7x + 1 \leqq 2x - 4$

*(3) $2x + 3 < 4x + 7$　　　　　　(4) $3x + 5 \geqq 6x - 4$

*(5) $12 - x \leqq 3x - 2$　　　　　(6) $2(x - 3) > x - 5$

(7) $7x - 18 \geqq 3(x - 1)$　　　　(8) $5(1 - x) < 3x - 7$

87 次の1次不等式を解け。 ▶劉p.42例題2

*(1) $x - 1 < 2 - \dfrac{3}{2}x$

(2) $x + \dfrac{2}{3} \leqq 1 - 2x$

*(3) $\dfrac{4}{3}x - \dfrac{1}{3} > \dfrac{3}{4}x + \dfrac{1}{2}$

(4) $\dfrac{3}{2} - \dfrac{1}{2}x < \dfrac{2}{3}x - \dfrac{5}{3}$

*(5) $\dfrac{1}{2}x + \dfrac{1}{3} < \dfrac{3}{4}x - \dfrac{5}{6}$

(6) $\dfrac{1}{3}x + \dfrac{7}{6} \geqq \dfrac{1}{2}x + \dfrac{1}{3}$

SPIRAL **B**

88 次の1次不等式を解け。 ▶劉p.42例題2

*(1) $0.4x + 0.3 \geqq 1.2x + 1.9$

(2) $0.2x + 1 \leqq 0.5x - 1.6$

*(3) $2(1 - 3x) > \dfrac{1 - 5x}{2}$

(4) $\dfrac{1}{2}(3x + 4) < x - \dfrac{1}{6}(x + 1)$

*(5) $\dfrac{3 - 2x}{12} > \dfrac{x + 2}{9} - \dfrac{2x - 1}{6}$

(6) $\dfrac{4x - 5}{6} - \dfrac{x - 1}{3} \geqq \dfrac{2 - 3x}{5}$

*(7) $\dfrac{x}{3} - \dfrac{1 - 2x}{6} < \dfrac{x - 3}{2} + \dfrac{3}{4}$

(8) $\dfrac{2x - 1}{3} - \dfrac{x - 1}{2} \leqq -\dfrac{3(1 + x)}{5}$

SPIRAL **C**

最小の整数解

例題 11 1次不等式 $6 - 4x < 5 - 2x$ の解のうち，最小の整数を求めよ。

解 不等式 $6 - 4x < 5 - 2x$ を解くと

$$-2x < -1$$

$$x > \dfrac{1}{2} \quad \leftarrow \dfrac{1}{2} = 0.5$$

したがって

$x > \dfrac{1}{2}$ を満たす最小の整数は1である。 答

89 次の問いに答えよ。

(1) 1次不等式 $8x - 2 < 3(x + 2)$ の解のうち，最大の整数を求めよ。

(2) 1次不等式 $\dfrac{x - 25}{4} < \dfrac{3x - 2}{2}$ の解のうちで負の整数であるものの個数を求めよ。

⋮3　1次不等式⑵

▶教 p.43〜p.45

1 連立不等式

[1]　連立不等式 $\begin{cases} A > 0 \\ B > 0 \end{cases}$ の解　…　$A > 0$ の解と $B > 0$ の解の共通範囲

[2]　不等式 $A < B < C$ の解　…　連立不等式 $\begin{cases} A < B \\ B < C \end{cases}$ の解

SPIRAL A

90　次の連立不等式を解け。

▶教 p.43 例6

(1)　$\begin{cases} 4x - 3 < 2x + 9 \\ 3x > x + 2 \end{cases}$

*(2)　$\begin{cases} 2x - 3 < 3 \\ 3x + 6 > x - 2 \end{cases}$

(3)　$\begin{cases} 27 \geqq 2x + 13 \\ 9 \leqq 7 + 4x \end{cases}$

*(4)　$\begin{cases} x - 1 < 3x + 7 \\ 5x + 2 < 2x - 4 \end{cases}$

91　次の連立不等式を解け。

▶教 p.43 例題3

(1)　$\begin{cases} 3x + 1 > 5(x - 1) \\ 2(x - 1) > 5x + 4 \end{cases}$

*(2)　$\begin{cases} 2x - 5(x + 1) \leqq 1 \\ x - 5 \leqq 3x + 7 \end{cases}$

(3)　$\begin{cases} 7x - 18 \geqq 3(x - 2) \\ 2(3 - x) \leqq 3(x - 5) - 9 \end{cases}$

*(4)　$\begin{cases} x - 1 < 2 - \dfrac{3}{2}x \\ \dfrac{2}{5}x - 6 \leqq 2(x + 1) \end{cases}$

92　次の不等式を解け。

▶教 p.44 例題4

(1)　$-2 \leqq 4x + 2 \leqq 10$

*(2)　$x - 7 < 3x - 5 < 5 - 2x$

(3)　$3x + 2 \leqq 5x \leqq 8x + 6$

*(4)　$3x + 4 \geqq 2(2x - 1) > 3(x - 1)$

SPIRAL B

93 次の連立不等式を解け。 ▶ 國 p.43 例題3

*(1) $\begin{cases} \dfrac{x+1}{3} \geqq \dfrac{x-1}{4} \\ \dfrac{1}{3}x + \dfrac{1}{6} \leqq \dfrac{1}{4}x \end{cases}$

(2) $\begin{cases} \dfrac{x-1}{2} < 1 - \dfrac{3-2x}{5} \\ 1.8x + 4.2 > 3.1x + 0.3 \end{cases}$

*94 次の問いに答えよ。 ▶ 國 p.45 応用例題1

(1) 1個 130 円のりんごと 1 個 90 円のりんごをあわせて 15 個買い，合計金額を 1800 円以下になるようにしたい。130 円のりんごをなるべく多く買うには，それぞれ何個ずつ買えばよいか。

(2) 1 冊 200 円のノートと 1 冊 160 円のノートをあわせて 10 冊買い，1 本 90 円の鉛筆を 2 本買って，合計金額を 2000 円以下になるようにしたい。1 冊 200 円のノートは最大で何冊まで買えるか。

95 次の不等式を満たす整数 x をすべて求めよ。

*(1) $\begin{cases} 2x + 1 < 3 \\ x - 1 < 3x + 5 \end{cases}$

(2) $\begin{cases} x \leqq 4x + 3 \\ x - 1 < \dfrac{x+2}{4} \end{cases}$

*(3) $x + 7 \leqq 3x + 15 < -4x - 2$

SPIRAL C

例題 **12** ────────四捨五入と式の値の範囲

a, b の小数第 2 位を四捨五入すると，a は 3.2，b は 1.2 になった。このとき，$a + b$ の値の範囲を求めよ。

解　a は小数第 2 位を四捨五入して 3.2 となる数であるから　$3.15 \leqq a < 3.25$
　　　b は小数第 2 位を四捨五入して 1.2 となる数であるから　$1.15 \leqq b < 1.25$
　ゆえに　　$3.15 + 1.15 \leqq a + b < 3.25 + 1.25$
　よって　　$\boldsymbol{4.3 \leqq a + b < 4.5}$ 答

96 $\dfrac{3x+1}{4}$ の小数第 1 位を四捨五入すると 5 になるという。このような x の値の範囲を求めよ。

97 5 % の食塩水が 900 g ある。これに水を加えて食塩水の濃度を 3 % 以下になるようにしたい。水を何 g 以上加えればよいか。

ヒント 97 濃度 (%) = $\dfrac{\text{食塩の量}}{\text{食塩水の量}} \times 100$

思考力 PLUS　絶対値を含む方程式・不等式

▶ 教 p.46～p.47

1 絶対値を含む方程式・不等式の解

$a > 0$ のとき，方程式 $|x| = a$ の解は　$x = \pm a$

不等式 $|x| < a$ の解は　$-a < x < a$

不等式 $|x| > a$ の解は　$x < -a,\ a < x$

2 絶対値を含む方程式・不等式の解き方

絶対値の定義により場合分けをして，絶対値を含まない方程式・不等式にする。

SPIRAL A

98　次の方程式，不等式を解け。

▶ 教 p.46 例1

(1)　$|x| = 5$

(2)　$|x| = 7$

(3)　$|x| < 6$

(4)　$|x| > 2$

99　次の方程式，不等式を解け。

▶ 教 p.47 例題1

(1)　$|x - 3| = 4$

(2)　$|x + 6| = 3$

(3)　$|3x - 6| = 9$

(4)　$|-x + 2| = 4$

(5)　$|x + 3| \leqq 4$

(6)　$|x - 1| > 5$

───────────────絶対値と場合分け

例題 13	次の方程式を解け。 ▶ 教 p.47 例題2

$$|x + 1| = 7 - 2x \quad \cdots\cdots ①$$

考え方　x の値の範囲で場合分けをして，絶対値記号をはずす。

解　(i)　$x + 1 \geqq 0$ すなわち $x \geqq -1$ のとき

$$|x + 1| = x + 1$$

よって，①は　$x + 1 = 7 - 2x$

これを解くと　$x = 2$

この値は，$x \geqq -1$ を満たす。

(ii)　$x + 1 < 0$ すなわち $x < -1$ のとき

$$|x + 1| = -x - 1$$

よって，①は　$-x - 1 = 7 - 2x$

これを解くと　$x = 8$

この値は，$x < -1$ を満たさない。

(i), (ii)より，①の解は　**$x = 2$** 答

100　次の方程式を解け。

(1)　$|x + 1| = 2x$

(2)　$|x - 8| = 3x - 4$

1節 集合と論証

▶教p.52～p.57

÷1 集合

1 集合

集合	ある特定の性質をもつもの全体の集まり
要素	集合を構成している個々のもの

$a \in A$　a は集合 A に属する（a が集合 A の要素である）

$b \notin A$　b は集合 A に属さない（b が集合 A の要素でない）

2 集合の表し方

① { } の中に，要素を書き並べる。

② { } の中に，要素の満たす条件を書く。

3 部分集合

$A \subset B$　A は B の**部分集合**（A のすべての要素が B の要素になっている）

$A = B$　A と B は**等しい**（A と B の要素がすべて一致している）

空集合 $\varnothing$　要素を1つももたない集合

4 共通部分と和集合/補集合/ド・モルガンの法則

共通部分 $A \cap B$	A, B のどちらにも属する要素全体からなる集合
和集合 $A \cup B$	A, B の少なくとも一方に属する要素全体からなる集合
補集合 $\overline{A}$	全体集合 U の中で，集合 A に属さない要素全体からなる集合
ド・モルガンの法則	[1] $\overline{A \cup B} = \overline{A} \cap \overline{B}$　　[2] $\overline{A \cap B} = \overline{A} \cup \overline{B}$

SPIRAL A

101 10以下の正の奇数の集合を A とするとき，次の □ に，$\in$, $\notin$ のうち適する記号を入れよ。　　　　　　　　　　　　　　　　▶教p.52例1

*(1)　3 □ A　　　　(2)　6 □ A　　　　*(3)　11 □ A

102 次の集合を，要素を書き並べる方法で表せ。　　　　　▶教p.53例2

(1)　$A = \{x \mid x$ は12の正の約数$\}$

*(2)　$B = \{x \mid x > -3,\ x$ は整数$\}$

103 次の集合 A, B について，□ に，$\supset$, $\subset$, $=$ のうち最も適する記号を入れよ。　　　　　　　　　　　　　　　　　　　　　　▶教p.54例3

*(1)　$A = \{1,\ 5,\ 9\}$,　$B = \{1,\ 3,\ 5,\ 7,\ 9\}$ について　　A □ B

(2)　$A = \{x \mid x$ は1桁の素数全体$\}$,　$B = \{2,\ 3,\ 5,\ 7\}$ について

A □ B

*(3)　$A = \{x \mid x$ は20以下の自然数で3の倍数$\}$,

$B = \{x \mid x$ は20以下の自然数で6の倍数$\}$ について　　A □ B

104 次の集合の部分集合をすべて書き表せ。　　　　　　　　▶ 國 p.54 例4

*(1) {3, 5}　　　　　*(2) {2, 4, 6}　　　　　(3) {a, b, c, d}

105 $A = \{1, 3, 5, 7\}$,　　$B = \{2, 3, 5, 7\}$,　　$C = \{2, 4\}$ のとき，次の集合
を求めよ。　　　　　　　　　　　　　　　　　　　　　▶ 國 p.55 例5

*(1) $A \cap B$　　　　(2) $A \cup B$　　　*(3) $B \cup C$　　　(4) $A \cap C$

*106 $A = \{x \mid -3 < x < 4,\ x\text{ は実数}\}$, $B = \{x \mid -1 < x < 6,\ x\text{ は実数}\}$ のと
き，次の集合を求めよ。　　　　　　　　　　　　　　▶ 國 p.55 例6

(1) $A \cap B$　　　　　　　　　(2) $A \cup B$

107 $U = \{1, 2, 3, 4, 5, 6, 7, 8, 9, 10\}$ を全体集合とするとき，その部分
集合 $A = \{1, 2, 3, 4, 5, 6\}$, $B = \{5, 6, 7, 8\}$ について，次の集合を
求めよ。　　　　　　　　　　　　　　　　　　　　▶ 國 p.56 例題1

*(1) $\overline{A}$　　　　　　　　　(2) $\overline{B}$

108 $U = \{1, 2, 3, 4, 5, 6, 7, 8, 9, 10\}$ を全体集合とするとき，その部分
集合 $A = \{1, 3, 5, 7, 9\}$, $B = \{1, 2, 3, 6\}$ について，次の集合を求め
よ。　　　　　　　　　　　　　　　　　　　　　　▶ 國 p.56 例題1

*(1) $\overline{A \cap B}$　　　(2) $\overline{A \cup B}$　　　*(3) $\overline{A} \cup B$　　　(4) $A \cap \overline{B}$

SPIRAL B

*109 次の集合を，要素を書き並べる方法で表せ。　　　　　　▶ 國 p.53 例2

(1) $A = \{2x \mid x \text{ は 1 桁の自然数}\}$

(2) $A = \{x^2 \mid -2 \leqq x \leqq 2,\ x \text{ は整数}\}$

110 次の集合 A, B について，$A \cap B$ と $A \cup B$ を求めよ。　　▶ 國 p.55 例6

(1) $A = \{n \mid n \text{ は 1 桁の正の 4 の倍数}\}$,　$B = \{n \mid n \text{ は 1 桁の正の偶数}\}$

*(2) $A = \{3n \mid n \text{ は 6 以下の自然数}\}$,　$B = \{3n-1 \mid n \text{ は 6 以下の自然数}\}$

111 $U = \{x \mid 10 \leqq x \leqq 20,\ x \text{ は整数}\}$ を全体集合とするとき，その部分集合
$A = \{x \mid x \text{ は 3 の倍数},\ x \in U\}$,　　$B = \{x \mid x \text{ は 5 の倍数},\ x \in U\}$
について，次の集合を求めよ。　　　　　　　　　　　▶ 國 p.56 例題1

*(1) $\overline{A}$　　　　　　(2) $A \cap B$　　　*(3) $\overline{A} \cap B$　　　(4) $\overline{A \cup B}$

112 $A = \{a-1,\ 1\}$, $B = \{-3,\ 2,\ 2a-5\}$ について，$A \subset B$ となるような定数 a の値を求めよ。

113 2つの集合 A, B が，$A = \{2,\ a-1,\ a\}$, $B = \{-4,\ a-3,\ 10-a\}$ であるとき，$A \cap B = \{2,\ 5\}$ となるような a の値を求めよ。

SPIRAL C

―――――――――――――――――全体集合と部分集合

例題 14

$U = \{1,\ 2,\ 3,\ 4,\ 5,\ 6,\ 7,\ 8,\ 9\}$ を全体集合とする。
その部分集合 A, B が
$$\overline{A} \cap \overline{B} = \{1,\ 4,\ 8\}, \quad A \cap \overline{B} = \{5,\ 6\},$$
$$\overline{A} \cap B = \{2,\ 7\}$$
を満たすとき，次の集合を求めよ。

(1) $A \cup B$　　　　　(2) A　　　　　(3) B

| 解 |

条件より　$A \cap B = \{3,\ 9\}$
よって，U, A, B の関係は，右の図のようになる。
(1) $A \cup B = \{2,\ 3,\ 5,\ 6,\ 7,\ 9\}$ **答**
(2) $A = \{3,\ 5,\ 6,\ 9\}$ **答**
(3) $B = \{2,\ 3,\ 7,\ 9\}$ **答**

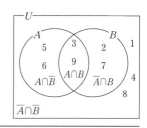

114 $U = \{1,\ 2,\ 3,\ 4,\ 5,\ 6,\ 7,\ 8,\ 9\}$ を全体集合とする。その部分集合 A, B が $\overline{A} \cap \overline{B} = \{1,\ 5,\ 6,\ 8\}$, $A \cap \overline{B} = \{2\}$, $A \cap B = \{3,\ 4,\ 7\}$ を満たすとき，A と B を求めよ。

―――

ヒント 112 A の要素 1 が B の要素になっていることから，a の値を求める。
113 $A \ni 5$ となるような a の値について，場合分けして考える。

❖2 　命題と条件

▶敏p.58〜p.63

■1 命題
命題　正しい(**真**)か，正しくない(**偽**)かが定まる文や式

■2 条件と集合
条件　変数の値が決まって，はじめて真偽が定まる文や式
　2つの条件 p, q を満たすもの全体の集合をそれぞれ P, Q とすると，
命題「$p \Longrightarrow q$」が真であることと，$P \subset Q$ が成り立つことは同じことである。

■3 必要条件と十分条件
　2つの条件 p, q について，命題「$p \Longrightarrow q$」が真であるとき
　　p は q であるための**十分条件**であるといい，
　　q は p であるための**必要条件**であるという。
　命題「$p \Longrightarrow q$」，「$q \Longrightarrow p$」がともに真であるとき
　　p は q であるための**必要十分条件**であるという。
　このとき，p と q は**同値**であるともいい，$p \Longleftrightarrow q$ で表す。

■4 否定/ド・モルガンの法則
否定　条件 p に対し，「p でない」という条件を p の**否定**といい，$\bar{p}$ で表す。
ド・モルガンの法則　[1] $\overline{p \text{かつ} q} \Longleftrightarrow \bar{p}$ または $\bar{q}$　[2] $\overline{p \text{または} q} \Longleftrightarrow \bar{p}$ かつ $\bar{q}$

SPIRAL A

115 次の文は命題といえるか。命題といえるならば，その真偽を答えよ。
▶敏p.58練習9
*(1)　1 は 12 の約数である。　　(2)　1 は素数である。
*(3)　0.001 は小さい数である。　　(4)　正方形は長方形の一種である。

*116 次の条件 p, q について，命題「$p \Longrightarrow q$」の真偽を調べよ。また，偽の場合は反例をあげよ。ただし，x は実数とする。　▶敏p.60例7, 8
(1)　$p : -2 \leqq x \leqq 1$　　$q : x \geqq -3$
(2)　$p : -1 < x < 2$　　$q : -2 < x < 5$
(3)　$p : x^2 - x = 0$　　$q : x = 1$

117 次の条件 p, q について，命題「$p \Longrightarrow q$」の真偽を調べよ。また，偽の場合は反例をあげよ。ただし，n は自然数とする。　▶敏p.60例7, 8
*(1)　$p : n$ は 3 の倍数　　$q : n$ は 6 の倍数
(2)　$p : n$ は 8 の約数　　$q : n$ は 24 の約数
*(3)　$p : n$ は 8 以下の奇数　　$q : n$ は素数

*118 次の ☐ に，必要条件，十分条件，必要十分条件のうち最も適するものを
　　　入れよ。ただし，x, y は実数とする。　　　　　　　　　▶國p.61例9, p.62例10, 11
　　　(1)　$x = 1$ は，$x^2 = 1$ であるための ☐ である。
　　　(2)　「四角形 ABCD は平行四辺形」は，「四角形 ABCD は長方形」である
　　　　　　ための ☐ である。
　　　(3)　$x^2 = 0$ は，$x = 0$ であるための ☐ である。
　　　(4)　$\triangle$ABC $\equiv$ $\triangle$DEF は，$\triangle$ABC $\backsim$ $\triangle$DEF であるための ☐ である。

119　次の条件の否定をいえ。ただし，x は実数とする。　　　　　▶國p.63例12
　　　*(1)　$x = 5$　　　　　(2)　$x \neq -1$　　　*(3)　$x \geqq 0$　　　(4)　$x < -2$

120　次の条件の否定をいえ。ただし，x, y は実数とする。　　　▶國p.63例13
　　　*(1)　$x < 4$ かつ $y \leqq 2$　　　　　*(2)　$-3 < x < 2$
　　　(3)　$x \leqq 2$ または $x > 5$　　　　　(4)　$x < -2$ かつ $x < 1$

*121 次の ☐ に，必要条件，十分条件，必要十分条件のうち最も適するものを
　　　入れよ。ただし，m, n は自然数とする。　　　　　　　　　▶國p.62例10, 11
　　　(1)　mn が奇数であることは，m, n がともに奇数であるための ☐ であ
　　　　　　る。
　　　(2)　$m + n$, $m - n$ がともに偶数であることは，m, n がともに偶数であ
　　　　　　るための ☐ である。

SPIRAL B

122　次の ☐ に，必要条件，十分条件，必要十分条件のうち最も適するものを
　　　入れよ。ただし，x, y は実数とする。　　　　　　　　　▶國p.62例10, 11
　　　(1)　$x + y > 0$ かつ $xy > 0$ は，$x > 0$ かつ $y > 0$ であるための ☐
　　　　　　である。
　　　(2)　$x^2 = y^2$ は，$x = \pm y$ であるための ☐ である。
　　　(3)　$x^2 + y^2 = 0$ は，$x = 0$ または $y = 0$ であるための ☐ である。
　　　(4)　$p + q$, pq がともに有理数であることは，p, q がともに有理数である
　　　　　　ための ☐ である。
　　　(5)　$|x| < 3$ は，$|x - 1| < 1$ であるための ☐ である。

∶3 逆・裏・対偶

❶ 逆・裏・対偶

▶教p.64〜p.67

命題「$p \Longrightarrow q$」に対して

「$q \Longrightarrow p$」を **逆**

「$\overline{p} \Longrightarrow \overline{q}$」を **裏**

「$\overline{q} \Longrightarrow \overline{p}$」を **対偶**

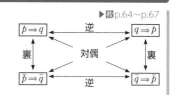

ある命題が真であっても，その逆や裏は真であるとは限らない。

❷ 命題とその対偶の真偽

命題「$p \Longrightarrow q$」と，その対偶「$\overline{q} \Longrightarrow \overline{p}$」の真偽は一致する。

SPIRAL A

*123 次の命題の真偽を調べよ。また，逆，裏，対偶を述べ，それらの真偽も調べよ。ただし，x は実数とする。 ▶教p.64例14

(1) $x^2 = 16 \Longrightarrow x = 4$ (2) $x > -1 \Longrightarrow x < 5$

124 次の命題を対偶を利用して証明せよ。 ▶教p.65例題2

*(1) n を整数とするとき，n^2 が3の倍数ならば，n は3の倍数である。

(2) 整数 m，n について，$m + n$ が奇数ならば，m または n は偶数である。

125 $\sqrt{2}$ が無理数であることを用いて，$3 + 2\sqrt{2}$ が無理数であることを背理法により証明せよ。 ▶教p.66例題3

*126 命題「$x + y > 2$ ならば $x > 1$ または $y > 1$ である」の真偽を調べよ。また，逆，裏，対偶を述べ，それらの真偽も調べよ。ただし，x，y は実数とする。 ▶教p.64例14

SPIRAL B

*127 m，n を整数とするとき，mn が偶数ならば m，n の少なくとも一方は偶数であることを証明せよ。

128 「自然数 n について，n^2 が3の倍数ならば n は3の倍数である」ことを用いて，$\sqrt{3}$ が無理数であることを証明せよ。 ▶教p.67思考力➕

129 (1) a，b を有理数とする。$\sqrt{2}$ が無理数であることを用いて，次の命題を証明せよ。

$$a + \sqrt{2}\,b = 0 \Longrightarrow a = b = 0$$

(2) (1)を利用して，次の等式を満たす有理数 p，q を求めよ。

$$p - 3 + \sqrt{2}\,(1 + q) = 0$$

1節 2次関数とそのグラフ

∴1 関数とグラフ

▶教p.72〜p.75

❶ 関数

x の値を決めると，それに対応して y の値がただ1つ定まるとき，y は x の**関数**である
という。y が x の関数であることを，$y = f(x)$，$y = g(x)$ などと表す。

関数の値 関数 $y = f(x)$ において，$x = a$ のときの値を $f(a)$ と表し，$x = a$ のと
きの関数 $f(x)$ の値という。

❷ 関数 $y = f(x)$ の定義域・値域

定義域 変数 x のとり得る値の範囲

値 域 定義域の x の値に対応する変数 y のとり得る値の範囲

最大値 関数の値域における y の最大の値

最小値 関数の値域における y の最小の値

❸ 1次関数のグラフ

1次関数 $y = ax + b$（ただし，$a \neq 0$）のグラフは，傾き a，切片 b の直線。

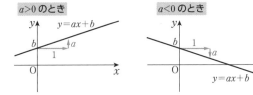

---

130 次の各場合について，y を x の式で表せ。　　　　　　　▶教p.72例1

*(1)　1辺の長さが x cm の正三角形の周の長さを y cm とする。

(2)　1本50円の鉛筆を x 本と500円の筆箱を買ったときの代金の合計を
y 円とする。

131 関数 $f(x) = 2x^2 - 5x + 3$ において，次の値を求めよ。　　▶教p.73例3

*(1)　$f(3)$　　　　　　*(2)　$f(-2)$　　　　　　(3)　$f(0)$

(4)　$f(a)$　　　　　　(5)　$f(-2a)$　　　　　*(6)　$f(a+1)$

132 次の1次関数のグラフをかけ。　　　　　　　　　　　　　▶教p.74例4

*(1)　$y = 2x + 3$　　　　*(2)　$y = -3x - 2$　　　(3)　$y = -\dfrac{1}{2}x + 2$

*133 関数 $y = 3x - 2$ $(-3 \le x \le 1)$ について，次の問いに答えよ。

▶國p.75 例題1

(1) グラフをかけ。

(2) 関数の値域を求めよ。

(3) 関数の最大値，最小値を求めよ。

134 次の関数の値域を求めよ。また，最大値，最小値を求めよ。　▶國p.75 例題1

*(1) $y = 2x - 5$ $(-2 \le x \le 3)$　　(2) $y = x + 3$ $(-5 \le x \le -3)$

*(3) $y = -x + 4$ $(2 \le x \le 5)$　　(4) $y = -3x - 1$ $(-4 \le x \le 1)$

SPIRAL B

135 1次関数 $f(x) = ax + b$ が次の条件を満たすとき，定数 a, b の値を求めよ。

▶國p.73

*(1) $f(1) = 3$, $f(3) = 7$　　(2) $f(-3) = 2$, $f(2) = -8$

136 次の関数の値域を求めよ。　　　　　　　　　　▶國p.75 例題1

*(1) $y = -2x - 3$ $(x \le 4)$　　(2) $y = x - 5$ $(x \le -3)$

SPIRAL C

例題 15
1次関数 $y = ax + b$ $(1 \le x \le 4)$ の値域が $-1 \le y \le 8$ となるような定数 a, b の値を求めよ。ただし，$a > 0$ とする。
──1次関数の決定

解　$a > 0$ より，この1次関数のグラフは右上がりの直線になる。
ここで，定義域が $1 \le x \le 4$ であるから
$x = 1$ のとき最小，$x = 4$ のとき最大となる。
　$x = 1$ のとき　$y = -1$
　$x = 4$ のとき　$y = 8$
であるから
　$a + b = -1$ ……①，　$4a + b = 8$ ……②
①，②を解いて　$a = 3$, $b = -4$ 答

137 次の問いに答えよ。

(1) 1次関数 $y = ax + b$ $(-2 \le x \le 1)$ の値域が $-3 \le y \le 3$ となるような定数 a, b の値を求めよ。ただし，$a > 0$ とする。

(2) 1次関数 $y = ax + b$ $(-3 \le x \le -1)$ の値域が $2 \le y \le 3$ となるような定数 a, b の値を求めよ。ただし，$a < 0$ とする。

2　2次関数のグラフ

▶教 p.76〜p.87

1 $y = ax^2$ **のグラフ**

$y = ax^2$ のグラフは，**軸が y 軸**，**頂点が 原点 $(0,\ 0)$** の放物線

$a > 0$ のとき　下に凸

$a < 0$ のとき　上に凸

2 $y = a(x - p)^2 + q$ **のグラフ**

$y = a(x - p)^2 + q$ のグラフは，$y = ax^2$ のグラフを x 軸方向に p，y 軸方向に q だけ平行移動した放物線。軸は 直線 $x = p$，頂点は 点 $(p,\ q)$

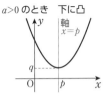
$a > 0$ のとき　下に凸

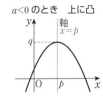
$a < 0$ のとき　上に凸

3 $y = ax^2 + bx + c$ **のグラフ**

$ax^2 + bx + c$ を $a(x - p)^2 + q$ の形に変形することを**平方完成**するという。

$y = ax^2 + bx + c$ のグラフは，$y = a\left(x + \dfrac{b}{2a}\right)^2 - \dfrac{b^2 - 4ac}{4a}$ より

軸が 直線 $x = -\dfrac{b}{2a}$，頂点が 点 $\left(-\dfrac{b}{2a},\ -\dfrac{b^2 - 4ac}{4a}\right)$ の放物線

SPIRAL A

138 次の 2 次関数のグラフをかけ。

▶教 p.77 練習6

*(1)　$y = 3x^2$　　　　　(2)　$y = \dfrac{1}{2}x^2$　　　　*(3)　$y = -\dfrac{1}{3}x^2$

139 次の 2 次関数のグラフをかけ。また，その軸と頂点を求めよ。

▶教 p.79 例5

*(1)　$y = 2x^2 + 5$　　　　　　　(2)　$y = 3x^2 - 5$

*(3)　$y = -x^2 - 2$　　　　　　　(4)　$y = -\dfrac{1}{2}x^2 + 1$

140 次の 2 次関数のグラフをかけ。また，その軸と頂点を求めよ。

▶教 p.81 例6

*(1)　$y = (x - 3)^2$　　　　　　　(2)　$y = -(x + 2)^2$

*(3)　$y = -3(x - 1)^2$　　　　　　(4)　$y = -\dfrac{1}{3}(x + 4)^2$

141 次の 2 次関数のグラフをかけ。また，その軸と頂点を求めよ。　▶國 p.83 例7

 *(1)　$y = (x-3)^2 - 2$ (2)　$y = -(x-3)^2 + 1$

 *(3)　$y = -2(x+1)^2 - 2$ (4)　$y = \dfrac{1}{2}(x+3)^2 - 4$

142 次の 2 次関数を $y = (x-p)^2 + q$ の形に変形せよ。　▶國 p.84 例8, 9

 *(1)　$y = x^2 - 2x$ (2)　$y = x^2 + 4x$

 (3)　$y = x^2 - 8x + 9$ *(4)　$y = x^2 + 6x - 2$

 (5)　$y = x^2 + 10x - 5$ *(6)　$y = x^2 - 4x + 4$

143 次の 2 次関数を $y = (x-p)^2 + q$ の形に変形せよ。　▶國 p.85 例10

 *(1)　$y = x^2 - x$ *(2)　$y = x^2 + 5x + 5$

 (3)　$y = x^2 - 3x - 2$ (4)　$y = x^2 + x - \dfrac{3}{4}$

144 次の 2 次関数を $y = a(x-p)^2 + q$ の形に変形せよ。　▶國 p.85 例11

 *(1)　$y = 2x^2 + 12x$ (2)　$y = 3x^2 - 6x$

 *(3)　$y = 3x^2 - 12x - 4$ *(4)　$y = 2x^2 + 4x + 5$

 (5)　$y = 4x^2 - 8x + 1$ (6)　$y = 2x^2 - 8x + 8$

145 次の 2 次関数を $y = a(x-p)^2 + q$ の形に変形せよ。　▶國 p.85 例11

 *(1)　$y = -x^2 - 4x - 4$ (2)　$y = -2x^2 + 4x + 3$

 *(3)　$y = -3x^2 + 12x - 2$ (4)　$y = -4x^2 - 8x - 3$

146 次の 2 次関数のグラフの軸と頂点を求め，そのグラフをかけ。　▶國 p.86 例12

 *(1)　$y = x^2 + 6x + 7$ (2)　$y = x^2 - 2x - 3$

 (3)　$y = x^2 + 4x - 1$ *(4)　$y = x^2 - 8x + 13$

147 次の 2 次関数のグラフの軸と頂点を求め，そのグラフをかけ。　▶國 p.86 例題2

 *(1)　$y = 2x^2 - 8x + 3$ (2)　$y = 3x^2 + 6x + 5$

 *(3)　$y = -2x^2 - 4x + 5$ (4)　$y = -3x^2 + 12x - 8$

SPIRAL **B**

148 次の2次関数のグラフの軸と頂点を求め，そのグラフをかけ。

▶教 p.86 例題2

*(1)　$y = 2x^2 - 2x + 3$　　　　(2)　$y = 2x^2 + 6x - 1$

*(3)　$y = -3x^2 - 3x - 1$　　　(4)　$y = 3x^2 - 9x + 7$

149 次の2次関数のグラフの軸と頂点を求め，そのグラフをかけ。

*(1)　$y = (x - 2)(x + 6)$　　　(2)　$y = (x + 3)(x - 2)$

150 次の2次関数のグラフの軸と頂点を求め，そのグラフをかけ。▶教 p.86 例題2

*(1)　$y = \dfrac{1}{2}x^2 + x - 3$　　　　(2)　$y = \dfrac{1}{3}x^2 + 2x + 1$

(3)　$y = -\dfrac{1}{2}x^2 + x + \dfrac{1}{2}$　　(4)　$y = -\dfrac{1}{3}x^2 - 2x - 2$

151 2次関数 $y = x^2 - 6x + 4$ のグラフをどのように平行移動すれば，2次関数 $y = x^2 + 4x - 2$ のグラフに重なるか。　　　　▶教 p.87 応用例題1

152 2次関数 $y = -x^2 - 4x - 7$ のグラフをどのように平行移動すれば，2次関数 $y = -x^2 + 2x - 4$ のグラフに重なるか。

SPIRAL **C**

153 次の2つの放物線の頂点が一致するような定数 a，b の値を求めよ。

(1)　$y = x^2 - 4x + 5$，　　$y = -x^2 + 2ax + b$

(2)　$y = 2x^2 - 4x + b$，　　$y = x^2 - ax$

思考力 PLUS グラフの平行移動・対称移動

▶教 p.88〜p.89

1 グラフの平行移動

関数 $y = f(x)$ のグラフを，x 軸方向に p，y 軸方向に q だけ平行移動すると
関数 $y = f(x-p)+q$ のグラフになる。

2 グラフの対称移動

関数 $y = f(x)$ のグラフを，x 軸，y 軸，原点に関して対称移動すると

x 軸：$-y = f(x)$　すなわち　$y = -f(x)$

y 軸：$y = f(-x)$

原点：$-y = f(-x)$　すなわち　$y = -f(-x)$

SPIRAL A

154 次の点を，x 軸，y 軸，原点に関して対称移動した点の座標を求めよ。

(1) $(3, 4)$　　(2) $(-2, 5)$　　(3) $(-4, -2)$　　(4) $(5, -3)$

SPIRAL B

例題 16　————グラフの平行移動

2次関数 $y = x^2 - 4x + 7$ のグラフを，x 軸方向に -3，y 軸方向に 2 だけ平行移動した放物線をグラフとする2次関数を求めよ。　▶教 p.88 例1

解　求める2次関数は，$y = x^2 - 4x + 7$ において，x を $x+3$ に，y を $y-2$ に置きかえて
$y-2 = (x+3)^2 - 4(x+3) + 7$　すなわち　$y = x^2 + 2x + 6$　**答**

155 次の2次関数を，（　）内のように平行移動した放物線をグラフとする2次関数を求めよ。

(1) $y = x^2 + 3x - 4$　（x 軸方向に 2，y 軸方向に 3）

(2) $y = 2x^2 + x + 1$　（x 軸方向に -1，y 軸方向に -2）

例題 17　————グラフの対称移動

2次関数 $y = 2x^2 - 3x + 5$ のグラフを，x 軸，y 軸，原点に関して対称移動した放物線をグラフとする2次関数をそれぞれ求めよ。　▶教 p.89 例1

解　求める2次関数は，それぞれ

x 軸：$-y = 2x^2 - 3x + 5$　　すなわち　$y = -2x^2 + 3x - 5$　**答**

y 軸：$y = 2(-x)^2 - 3(-x) + 5$　　すなわち　$y = 2x^2 + 3x + 5$　**答**

原点：$-y = 2(-x)^2 - 3(-x) + 5$　すなわち　$y = -2x^2 - 3x - 5$　**答**

156 次の2次関数のグラフを，x 軸，y 軸，原点に関して対称移動した放物線をグラフとする2次関数をそれぞれ求めよ。

(1) $y = x^2 + 2x - 3$　　　　(2) $y = -2x^2 - x + 5$

·3　2次関数の最大・最小

▶教p.90〜p.95

1 2次関数 $y = a(x-p)^2 + q$ の最大・最小
$a > 0$ のとき，$x = p$ で最小値 q をとる。最大値はない。
$a < 0$ のとき，$x = p$ で最大値 q をとる。最小値はない。

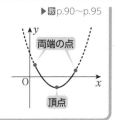

両端の点

2 定義域に制限がある2次関数の最大・最小
グラフをかいて，定義域の両端の点と頂点における y の値を比較する。

頂点

SPIRAL A

157 次の2次関数に最大値，最小値があれば，それを求めよ。　▶教p.91例13

*(1)　$y = 3(x+2)^2 - 5$　　　　　(2)　$y = -2(x-3)^2 + 5$

*(3)　$y = -(x+4)^2 - 2$　　　　　(4)　$y = 2(x-1)^2 - 4$

158 次の2次関数に最大値，最小値があれば，それを求めよ。　▶教p.91例題3

*(1)　$y = x^2 - 4x + 1$　　　　　(2)　$y = 2x^2 + 12x + 7$

(3)　$y = -x^2 - 8x + 4$　　　　*(4)　$y = -3x^2 + 6x - 5$

159 次の2次関数の最大値，最小値を求めよ。　▶教p.92例14

*(1)　$y = 2x^2 \ (1 \leqq x \leqq 2)$　　　　(2)　$y = x^2 \ (-4 \leqq x \leqq 2)$

(3)　$y = 3x^2 \ (-3 \leqq x \leqq -1)$　　*(4)　$y = -x^2 \ (-3 \leqq x \leqq -1)$

*(5)　$y = -2x^2 \ (1 \leqq x \leqq 4)$　　　(6)　$y = -3x^2 \ (-2 \leqq x \leqq 1)$

160 次の2次関数の最大値，最小値を求めよ。　▶教p.93例題4

*(1)　$y = x^2 + 2x - 3 \ (1 \leqq x \leqq 3)$

(2)　$y = x^2 + 6x - 3 \ (-2 \leqq x \leqq 1)$

*(3)　$y = x^2 - 4x - 1 \ (-1 \leqq x \leqq 3)$

(4)　$y = 2x^2 - 8x + 7 \ (0 \leqq x \leqq 2)$

*(5)　$y = -x^2 - 4x - 3 \ (-3 \leqq x \leqq 2)$

(6)　$y = -2x^2 + 4x - 1 \ (-1 \leqq x \leqq 3)$

SPIRAL B

161 次の2次関数に最大値，最小値があれば，それを求めよ。　▶教p.91例題3

*(1)　$y = x^2 + 5x - 3$　　　　　(2)　$y = 2x^2 - 6x + 3$

*(3)　$y = -x^2 - x + 2$　　　　　(4)　$y = \dfrac{1}{2}x^2 - 3x + 2$

162 次の2次関数に最大値，最小値があれば，それを求めよ。　▶國p.93例題4

 *(1) $y = (x-3)(x+1)$　$(-1 \leqq x \leqq 4)$

 (2) $y = (x+2)(x+4)$　$(-2 < x \leqq 1)$

 *(3) $y = x^2 + 7x - 5$　$(-2 < x \leqq -1)$

 (4) $y = -\dfrac{1}{2}x^2 - x - 2$　$(-3 \leqq x \leqq 2)$

*163 長さ36mのロープで，長方形の囲いをつくりたい。できるだけ面積が広い囲いをつくるには，どのような長方形をつくればよいか。

▶國p.94応用例題2

164 1辺が100cmの正方形 ABCD に，それより小さい正方形 EFGH を右の図のように内接させる。正方形 EFGH の面積を $y\,cm^2$ とするとき，y の最小値を求めよ。

▶國p.94応用例題2

*165 ある品物の価格が1個100円のときには，1日400個の売上がある。価格を1個につき1円値上げすると1日2個の割合で売上が減る。1日の売上金額を最大にするには，価格をいくらにすればよいか。ただし，消費税は考えないものとする。　▶國p.94応用例題2

SPIRAL C

2次関数の定数項の決定

例題 18 2次関数 $y = x^2 - 4x + c$ $(-2 \leqq x \leqq 3)$ の最大値が11であるとき，定数 c の値を求めよ。

考え方 軸が直線 $x = 2$ で下に凸のグラフになるから，定義域の範囲で2と最も差が大きい x の値で y は最大になる。

解 $y = x^2 - 4x + c = (x-2)^2 + c - 4$

ゆえに，この2次関数のグラフは，軸が直線 $x = 2$ で下に凸の放物線になるから，2と最も差が大きい $x = -2$ のとき y は最大になる。

よって　$(-2)^2 - 4 \times (-2) + c = 11$ より　$c = -1$ **答**

166 2次関数 $y = x^2 + 2x + c$ $(-3 \leqq x \leqq 2)$ の最大値が5であるとき，定数 c の値を求めよ。

167 2次関数 $y = -x^2 + 8x + c$ $(1 \leqq x \leqq 3)$ の最小値が -3 であるとき，定数 c の値を求めよ。

ヒント 165 価格を x 円値上げすると，売上は $2x$ 個減る。1日の売上金額 y を x の2次関数とみて，値の変化を調べる。

168 2次関数 $y = x^2 - 6x - 3$ の $1 \leqq x \leqq a$ における最大値と最小値を，次の各場合についてそれぞれ求めよ。　　　　　　　▶教 p.95 思考力╋

(1)　$1 < a < 3$　　　　　(2)　$3 \leqq a < 5$　　　　　(3)　$a \geqq 5$

169 $a > 0$ のとき，2次関数 $y = x^2 - 6x + 4$ $(0 \leqq x \leqq a)$ の最小値を求めよ。　　　　　　　▶教 p.95 思考力╋

170 $a > 0$ のとき，2次関数 $y = -x^2 + 4x + 2$ $(0 \leqq x \leqq a)$ の最大値を求めよ。　　　　　　　▶教 p.95 思考力╋

━━━ 1次の項が変化する場合の最大値・最小値

例題 19

a は定数とする。2次関数 $y = x^2 - 2ax + 1$ $(0 \leqq x \leqq 1)$ の最小値を，次の各場合についてそれぞれ求めよ。　　　　　　▶教 p.124 章末13

(1)　$a < 0$　　　　　(2)　$0 \leqq a \leqq 1$　　　　　(3)　$a > 1$

考え方 (1)～(3)のそれぞれにおいて，軸が，定義域の左側，定義域内，定義域の右側のいずれの位置にあるか考える。

解　　$y = x^2 - 2ax + 1 = (x - a)^2 - a^2 + 1$
ゆえに，この関数のグラフの
軸は 直線 $x = a$，　頂点は 点 $(a, -a^2 + 1)$

(1)　$a < 0$ のとき，この関数のグラフは右の図の実線部分であり，軸は定義域の左側にある。
　　よって，y は，
　　　　$x = 0$ のとき　**最小値 1** をとる。　答

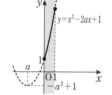

(2)　$0 \leqq a \leqq 1$ のとき，この関数のグラフは右の図の実線部分であり，軸は定義域内にある。
　　よって，y は，
　　　　$x = a$ のとき　**最小値 $-a^2 + 1$** をとる。　答

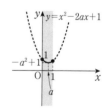

(3)　$a > 1$ のとき，この関数のグラフは右の図の実線部分であり，軸は定義域の右側にある。
　　よって，y は，
　　　　$x = 1$ のとき　**最小値 $2 - 2a$** をとる。　答

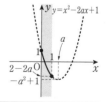

171 a は定数とする。2次関数 $y = x^2 - 4ax + 3$ $(0 \leqq x \leqq 1)$ の最小値を求めよ。

定義域の両端が変化する場合の最大値・最小値

例題 20

a は定数とする。2次関数 $y = x^2 - 4x$ $(a \leqq x \leqq a+1)$ の最小値を，次の各場合についてそれぞれ求めよ。

▶教 p.124 章末14

(1)　$a < 1$ 　　　　(2)　$1 \leqq a \leqq 2$ 　　　　(3)　$2 < a$

考え方　(1)~(3)のそれぞれにおいて，軸が，定義域の左側，定義域内，定義域の右側のいずれの位置にあるか考える。

解　　　　$y = x^2 - 4x = (x-2)^2 - 4$

ゆえに，この関数のグラフの

軸は 直線 $x = 2$，頂点は 点 $(2, -4)$

(1)　$a < 1$ のとき

　$a+1 < 2$ であるから，軸は定義域の右側にある。

　$x = a+1$ のとき　$y = (a+1)^2 - 4(a+1) = a^2 - 2a - 3$

　よって，y は，

　　　　$x = a+1$ のとき　**最小値 $a^2 - 2a - 3$** をとる。 答

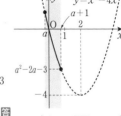

(2)　$1 \leqq a \leqq 2$ のとき

　$a \leqq 2 \leqq a+1$ であるから，軸は定義域内にある。

　よって，y は，

　　　　$x = 2$ のとき　**最小値 -4** をとる。 答

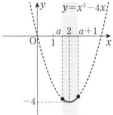

(3)　$2 < a$ のとき

　軸は定義域の左側にある。

　$x = a$ のとき　$y = a^2 - 4a$

　よって，y は，

　　　　$x = a$ のとき　**最小値 $a^2 - 4a$** をとる。 答

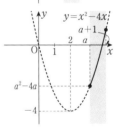

172　a は定数とする。2次関数 $y = x^2 - 2x$ $(a \leqq x \leqq a+2)$ の最小値を，次の各場合についてそれぞれ求めよ。

(1)　$a < -1$ 　　　　(2)　$-1 \leqq a \leqq 1$ 　　　　(3)　$1 < a$

173　a は定数とする。2次関数 $y = -x^2 - 2x$ $(a \leqq x \leqq a+2)$ の最大値を，次の各場合についてそれぞれ求めよ。

(1)　$a < -3$ 　　　　(2)　$-3 \leqq a \leqq -1$ 　　　　(3)　$-1 < a$

∴4　2次関数の決定

▶教 p.96〜p.99

■ **グラフの軸や頂点が与えられたとき**
　求める2次関数を $y = a(x-p)^2 + q$ と表して，条件より a, p, q を定める。
■ **グラフが通る3点が与えられたとき**
　求める2次関数を $y = ax^2 + bx + c$ と表して，条件より a, b, c を定める。

SPIRAL A

174 次の条件を満たす放物線をグラフとする2次関数を求めよ。　　▶教 p.96 例題5
　*(1)　頂点が点 $(-3,\ 5)$ で，点 $(-2,\ 3)$ を通る
　(2)　頂点が点 $(2,\ -4)$ で，原点を通る

175 次の条件を満たす放物線をグラフとする2次関数を求めよ。　　▶教 p.97 例題6
　*(1)　軸が直線 $x = 3$ で，2点 $(1,\ -2)$, $(4,\ -8)$ を通る
　(2)　軸が直線 $x = -1$ で，2点 $(0,\ 1)$, $(2,\ 17)$ を通る

176 次の3点を通る放物線をグラフとする2次関数を求めよ。　　▶教 p.98 例題7
　*(1)　$(0,\ -1)$, $(1,\ 2)$, $(2,\ 7)$
　(2)　$(0,\ 2)$, $(-2,\ -14)$, $(3,\ -4)$

SPIRAL B

177 次の条件を満たす2次関数を求めよ。
　*(1)　$x = 2$ で最小値 -3 をとり，グラフが点 $(4,\ 5)$ を通る
　(2)　$x = -1$ で最大値 4 をとり，グラフが点 $(1,\ 2)$ を通る

***178** $x = 2$ で最大値をとり，グラフが2点 $(-1,\ 3)$, $(3,\ 11)$ を通る2次関数を求めよ。

179 次の条件を満たす放物線をグラフとする2次関数を求めよ。
　*(1)　放物線 $y = x^2 + 3x$ を平行移動したもので，2点 $(1,\ -2)$, $(4,\ 1)$ を通る
　(2)　頂点が放物線 $y = -2x^2 + 8x - 5$ と同じで，点 $(5,\ 12)$ を通る

────────────────────────────────────

ヒント　179 (2) 放物線 $y = -2x^2 + 8x - 5$ の頂点を求める。

SPIRAL C

180 次の連立 3 元 1 次方程式を解け。　　　　　　　　　　　▶國p.99思考力➕

$*(1)$ $\begin{cases} x+y+z=3 \\ 9x+3y+z=5 \\ 4x+2y+z=3 \end{cases}$　　　　(2) $\begin{cases} x-2y+z=5 \\ 2x-y-z=4 \\ 3x+6y+2z=2 \end{cases}$

181 次の 3 点を通る放物線をグラフとする 2 次関数を求めよ。　▶國p.99思考力➕

$*(1)$ $(-1, 2), (1, 2), (2, 8)$　　(2) $(-2, 7), (-1, 2), (2, -1)$

$*(3)$ $(1, 2), (3, 6), (-2, 11)$

例題 21	────────────グラフの頂点の条件が与えられた 2 次関数 放物線 $y=x^2-2mx+3$ の頂点が直線 $y=3x-1$ 上にあるとき，定数 m の値を求めよ。

解
$\qquad y=x^2-2mx+3=(x-m)^2-m^2+3$
ゆえに，この放物線の頂点は点 $(m, -m^2+3)$ である。
この点が直線 $y=3x-1$ 上にあるから
$\quad -m^2+3=3m-1$ より　　$m^2+3m-4=0$
ゆえに　　$(m-1)(m+4)=0$
よって　　$m=1, -4$　答

182 放物線 $y=x^2-4mx-5$ の頂点が直線 $y=-2x-8$ 上にあるとき，定数 m の値を求めよ。

183 放物線 $y=x^2+2bx+c$ が点 $(1, 4)$ を通るとき，次の問いに答えよ。

(1)　c を b の式で表せ。

(2)　この放物線の頂点が直線 $y=-x+3$ 上にあるとき，定数 b, c の値を求めよ。

例題 22	──────グラフ上の 1 点と x 軸との共有点が与えられた 2 次関数 2 次関数のグラフが x 軸と 2 点 $(-1, 0)$ と $(3, 0)$ で交わり，点 $(4, 5)$ を通るとき，その 2 次関数を求めよ。

解
2 次関数のグラフが x 軸と 2 点 $(-1, 0)$ と $(3, 0)$ で交わるから，
求める 2 次関数は $y=a(x+1)(x-3)$ と表すことができる。
このグラフが点 $(4, 5)$ を通るから
$\quad 5=a(4+1)(4-3)$ より　$a=1$
よって，求める 2 次関数は　　$y=(x+1)(x-3)$　答

184 2 次関数のグラフが x 軸と 2 点 $(-4, 0)$ と $(2, 0)$ で交わり，点 $(3, -7)$ を通るとき，その 2 次関数を求めよ。

2節　2次方程式と2次不等式

÷1　**2次関数のグラフと2次方程式**

■1 2次方程式 $ax^2 + bx + c = 0$ の解き方　▶教p.101〜p.110

(i) 因数分解を利用する。

(ii) 解の公式 $x = \dfrac{-b \pm \sqrt{b^2 - 4ac}}{2a}$ を利用する。ただし，$b^2 - 4ac \geqq 0$

■2 2次方程式の実数解の個数

2次方程式 $ax^2 + bx + c = 0$ の判別式を $D = b^2 - 4ac$ とすると

$D > 0$ のとき　異なる2つの実数解をもつ　←実数解2個

$D = 0$ のとき　ただ1つの実数解（重解）をもつ　←実数解1個

$D < 0$ のとき　実数解をもたない　←実数解0個

■3 2次関数のグラフとx軸の共有点

2次関数 $y = ax^2 + bx + c$ のグラフとx軸の共有点のx座標は，

2次方程式 $ax^2 + bx + c = 0$ の実数解である。

■4 2次関数のグラフとx軸の位置関係

$D = b^2 - 4ac$ の符号	$D > 0$	$D = 0$	$D < 0$
グラフとx軸の共有点の個数	$a > 0$ α β x 2個	$a > 0$ α x 1個	$a > 0$ x 0個
x軸との位置関係	異なる2点で交わる	接する	共有点をもたない
$ax^2 + bx + c = 0$ の実数解	異なる2つの実数解 $\alpha,\ \beta$	重解 α	実数解はない

SPIRAL A

185 次の2次方程式を解け。　▶教p.101例1

*(1) $(x+1)(x-2) = 0$　　　　　(2) $(2x+1)(3x-2) = 0$

*(3) $x^2 + 2x - 3 = 0$　　　　　(4) $x^2 - 7x + 12 = 0$

(5) $x^2 - 25 = 0$　　　　　　*(6) $x^2 + 4x = 0$

186 次の2次方程式を解け。　▶教p.102例2

*(1) $x^2 + 3x + 1 = 0$　　(2) $x^2 - 5x + 3 = 0$　*(3) $3x^2 - 5x - 1 = 0$

(4) $3x^2 + 8x + 2 = 0$　*(5) $x^2 + 6x - 8 = 0$　(6) $6x^2 - 5x - 4 = 0$

187 次の2次方程式の実数解の個数を求めよ。　▶教p.104例3

*(1) $3x^2 - 5x + 2 = 0$　　　　　(2) $x^2 - x + 3 = 0$

(3) $3x^2 + 6x - 1 = 0$　　　　　*(4) $4x^2 - 4x + 1 = 0$

*188 　2次方程式 $3x^2 - 4x - m = 0$ が異なる2つの実数解をもつような定数 m の値の範囲を求めよ。　　　　　　　　　　　　　　▶𝕏 p.105 例題1

*189 　2次方程式 $2x^2 + 4mx + 5m + 3 = 0$ が重解をもつような定数 m の値を求めよ。また，そのときの重解を求めよ。　　　　　　　▶𝕏 p.105 例題2

190 　次の2次関数のグラフと x 軸の共有点の x 座標を求めよ。　▶𝕏 p.106 例4
　　*(1)　$y = x^2 + 5x + 6$　　　　　　　(2)　$y = x^2 - 3x - 4$
　　*(3)　$y = -x^2 + 7x - 12$　　　　　(4)　$y = -x^2 - 6x - 8$

191 　次の2次関数のグラフと x 軸の共有点の個数を求めよ。　▶𝕏 p.108 例6
　　(1)　$y = x^2 - 4x + 2$　　　　　　*(2)　$y = 2x^2 - 12x + 18$
　　*(3)　$y = -3x^2 + 5x - 1$　　　　　(4)　$y = x^2 + 2$
　　*(5)　$y = x^2 - 2x$　　　　　　　　(6)　$y = 3x^2 + 3x + 1$

192 　次の問いに答えよ。　　　　　　　　　　　　　　　　　▶𝕏 p.109 例題3
　　*(1)　2次関数 $y = x^2 - 4x - 2m$ のグラフと x 軸の共有点の個数が2個であるとき，定数 m の値の範囲を求めよ。
　　(2)　2次関数 $y = -x^2 + 4x + 3m - 2$ のグラフと x 軸の共有点がないとき，定数 m の値の範囲を求めよ。

*193 　2次関数 $y = x^2 + (m+2)x + 2m + 5$ のグラフが x 軸に接するとき，定数 m の値を求めよ。　　　　　　　　　　　　　　　　▶𝕏 p.109 例題4

SPIRAL B

194 　次の2次関数のグラフと x 軸の共有点を A，B とする。このとき，線分 AB の長さを求めよ。
　　*(1)　$y = 2x^2 - 5x + 3$　　　　　　(2)　$y = -3x^2 + x + 5$

195 　2次関数 $y = -x^2 + 2x - 2m + 3$ のグラフと x 軸の共有点の個数が，定数 m の値によってどのように変化するか調べよ。

196 2次関数 $y = ax^2 + bx + c$ のグラフが次の図のような放物線であるとき，
定数 a, b, c と $b^2 - 4ac$, $a + b + c$, $a - b + c$ の符号を求めよ。

(1)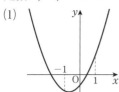

(2)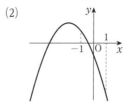

SPIRAL C

放物線と直線の共有点

例題 23 次の放物線と直線の共有点の座標を求めよ。　　　　▶数p.110思考力➕発展

(1) $y = x^2 - 2x + 5$, $y = x + 9$ 　　(2) $y = x^2 + 3x + 2$, $y = -x - 2$

考え方 放物線 $y = f(x)$ と直線 $y = g(x)$ の共有点の x 座標は，方程式 $f(x) = g(x)$
の実数解である。

解 (1) 共有点の x 座標は，$x^2 - 2x + 5 = x + 9$ の実数解である。
　これを解くと $(x+1)(x-4) = 0$ より　$x = -1, 4$
　$y = x + 9$ に代入すると　$x = -1$ のとき $y = 8$,　$x = 4$ のとき $y = 13$
　よって，共有点の座標は　$(-1, 8)$, $(4, 13)$ 答
(2) 共有点の x 座標は，$x^2 + 3x + 2 = -x - 2$ の実数解である。
　これを解くと $(x+2)^2 = 0$ より　$x = -2$
　$y = -x - 2$ に代入すると　$x = -2$ のとき $y = 0$
　よって，共有点の座標は　$(-2, 0)$ 答

197 次の放物線と直線の共有点の座標を求めよ。

(1) $y = x^2 + 4x - 1$, $y = 2x + 3$

(2) $y = -x^2 + 3x + 1$, $y = -x + 5$

2つの放物線の共有点

例題 24 次の2つの放物線の共有点の座標を求めよ。
$y = x^2 - 1$, $y = -x^2 + 2x + 3$

解 共有点の x 座標は，$x^2 - 1 = -x^2 + 2x + 3$ の実数解である。
これを解くと
$(x+1)(x-2) = 0$ より　$x = -1, 2$
$y = x^2 - 1$ に代入すると　$x = -1$ のとき $y = 0$
　　　　　　　　　　　　　$x = 2$ のとき $y = 3$
よって，共有点の座標は　$(-1, 0)$, $(2, 3)$ 答

198 次の2つの放物線の共有点の座標を求めよ。
$y = -x^2 + x - 1$, $y = x^2 - 2x$

÷2　2次関数のグラフと2次不等式

■ 2次関数のグラフと2次不等式

▶國 p.111〜p.121

$ax^2 + bx + c > 0$ の解

　$y = ax^2 + bx + c$ のグラフが x 軸の上側にある部分の x の値の範囲

$ax^2 + bx + c < 0$ の解

　$y = ax^2 + bx + c$ のグラフが x 軸の下側にある部分の x の値の範囲

■ 2次不等式の解

（i）　$a > 0$ の場合

$D = b^2 - 4ac$ の符号	$D > 0$	$D = 0$	$D < 0$
$y = ax^2 + bx + c$ のグラフと x 軸の 位置関係	α β x	α x	x
$ax^2 + bx + c = 0$ の実数解	異なる 2 つの 実数解 α, β	重解 α	実数解はない
$ax^2 + bx + c > 0$ の解	$x < \alpha,\ \beta < x$	α 以外のすべての実数	すべての実数
$ax^2 + bx + c \geqq 0$ の解	$x \leqq \alpha,\ \beta \leqq x$	すべての実数	すべての実数
$ax^2 + bx + c < 0$ の解	$\alpha < x < \beta$	ない	ない
$ax^2 + bx + c \leqq 0$ の解	$\alpha \leqq x \leqq \beta$	$x = \alpha$	ない

（ii）　$a < 0$ の場合　両辺に -1 を掛けて，x^2 の係数を正にして考える。

注　2 次方程式 $ax^2 + bx + c = 0$ の 2 つの実数解を α, β とすると

　　$\alpha < \beta$ のとき　$(x - \alpha)(x - \beta) > 0 \iff x < \alpha,\ \beta < x$

　　　　　　　　　　$(x - \alpha)(x - \beta) < 0 \iff \alpha < x < \beta$

SPIRAL A

199 次の 1 次不等式を解け。

▶國 p.111 例7

　(1)　$3x - 15 < 0$　　　　　　　(2)　$5 - 2x \geqq 0$

200 次の 2 次不等式を解け。

▶國 p.113 例8

　*(1)　$(x - 3)(x - 5) < 0$　　　　(2)　$(x - 1)(x + 2) \leqq 0$

　(3)　$(x + 3)(x - 2) > 0$　　　　*(4)　$x(x + 4) \geqq 0$

　*(5)　$x^2 - 3x - 40 < 0$　　　　(6)　$x^2 - 7x + 10 \geqq 0$

　*(7)　$x^2 - 16 > 0$　　　　　　(8)　$x^2 + x < 0$

201 次の2次不等式を解け。 ▶國 p.114 例題5

    *(1)　$(2x-1)(3x+2) < 0$　　　　(2)　$(5x+3)(2x-3) \geqq 0$

    *(3)　$2x^2 - 5x - 3 > 0$　　　　(4)　$3x^2 - 7x + 4 \leqq 0$

    (5)　$6x^2 + x - 2 < 0$　　　　(6)　$10x^2 - 9x - 9 \geqq 0$

202 次の2次不等式を解け。 ▶國 p.114 例題6

    (1)　$x^2 - 2x - 4 \geqq 0$　　　　*(2)　$x^2 + 5x + 3 \leqq 0$

    *(3)　$2x^2 - x - 2 > 0$　　　　(4)　$3x^2 + 2x - 2 < 0$

203 次の2次不等式を解け。 ▶國 p.115 例題7

    *(1)　$-x^2 - 2x + 8 < 0$　　　　(2)　$-2x^2 + x + 3 \geqq 0$

    (3)　$-x^2 + 4x - 1 \leqq 0$　　　　*(4)　$-2x^2 - x + 4 > 0$

204 次の2次不等式を解け。 ▶國 p.116 例9

    *(1)　$(x-2)^2 > 0$　　　　(2)　$(2x+3)^2 \leqq 0$

    (3)　$x^2 + 4x + 4 < 0$　　　　*(4)　$x^2 - 12x + 36 \geqq 0$

    *(5)　$9x^2 + 6x + 1 \leqq 0$　　　　(6)　$4x^2 - 12x + 9 > 0$

205 次の2次不等式を解け。 ▶國 p.117 例10

    *(1)　$x^2 + 4x + 5 > 0$　　　　*(2)　$3x^2 - 6x + 4 \leqq 0$

    (3)　$-x^2 + 2x - 3 \leqq 0$　　　　(4)　$2x^2 - 8x + 9 \geqq 0$

SPIRAL B

206 次の2次不等式を解け。

    *(1)　$3 - 2x - x^2 > 0$　　　　(2)　$3 - x > 2x^2$

    *(3)　$5 + 3x + 2x^2 \geqq x^2 + 7x + 2$　　　　(4)　$1 - x - x^2 > 2x^2 + 8x - 2$

207 次の連立不等式を解け。 ▶國 p.119 応用例題1

    *(1)　$\begin{cases} 2x + 6 < 0 \\ x^2 + 6x + 8 \geqq 0 \end{cases}$　　　　(2)　$\begin{cases} -2x + 7 > 0 \\ x^2 - 6x - 16 \leqq 0 \end{cases}$

208 次の連立不等式を解け。

▶教p.119応用例題1

*(1) $\begin{cases} x^2 + 4x - 5 \leqq 0 \\ x^2 - 2x - 8 > 0 \end{cases}$
(2) $\begin{cases} x^2 - 5x + 6 > 0 \\ 2x^2 - x - 10 > 0 \end{cases}$

(3) $\begin{cases} x^2 + 4x + 3 \leqq 0 \\ x^2 + 7x + 10 < 0 \end{cases}$
*(4) $\begin{cases} x^2 - x - 6 < 0 \\ x^2 - 2x > 0 \end{cases}$

209 次の不等式を解け。

*(1) $4 < x^2 - 3x \leqq 10$
(2) $7x - 4 \leqq x^2 + 2x < 4x + 3$

***210** 縦 6 m，横 10 m の長方形の花壇がある。この花
壇に，垂直に交わる同じ幅の道をつくり，道の面
積を，もとの花壇全体の面積の $\dfrac{1}{4}$ 以下になるよ
うにしたい。道の幅を何 m 以下にすればよいか。

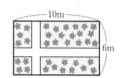

▶教p.120応用例題2

211 次の不等式を満たす整数 x をすべて求めよ。

*(1) $x^2 - x - 12 < 0$
(2) $x^2 - 4x - 2 < 0$

例題 **25**　　　　　　　　　　　　　　　　　　　——実数解をもつ条件

2 次方程式 $3x^2 + 2mx + m + 6 = 0$ が実数解をもつような定数 m の値
の範囲を求めよ。

解　2 次方程式 $3x^2 + 2mx + m + 6 = 0$ の判別式を D とすると
$$D = (2m)^2 - 4 \times 3 \times (m + 6) = 4m^2 - 12m - 72$$
この 2 次方程式が実数解をもつためには，$D \geqq 0$ であればよい。
ゆえに，$4m^2 - 12m - 72 \geqq 0$ より $(m + 3)(m - 6) \geqq 0$
よって　$m \leqq -3,\ 6 \leqq m$ 答

---

212 2 次方程式 $x^2 + 4mx + 11m - 6 = 0$ が異なる 2 つの実数解をもつよう
な定数 m の値の範囲を求めよ。

213 2 次方程式 $x^2 - mx + 2m + 5 = 0$ が実数解をもたないような定数 m の
値の範囲を求めよ。

SPIRAL **C**

2次関数のグラフと2次方程式の実数解の符号

例題 **26**

2次方程式 $x^2 - 2mx - 3m + 4 = 0$ が異なる2つの正の実数解をもつように，定数 m の値の範囲を定めよ。

▶教p.121思考力✚

考え方 2次方程式 $ax^2 + bx + c = 0$ が異なる2つの正の実数解をもつ条件は，$a > 0$ のとき

(i) $D = b^2 - 4ac > 0$

(ii) 軸 $x = -\dfrac{b}{2a}$ について $-\dfrac{b}{2a} > 0$

(iii) グラフと y 軸の交点 $(0,\ c)$ について $c > 0$

の3つを同時に満たすことである。

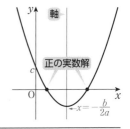

解 $f(x) = x^2 - 2mx - 3m + 4$ とおき，変形すると

$$f(x) = (x - m)^2 - m^2 - 3m + 4$$

2次方程式 $f(x) = 0$ が異なる2つの正の実数解をもつのは，2次関数 $y = f(x)$ のグラフが x 軸の正の部分と異なる2点で交わるとき，すなわち，次の(i), (ii), (iii)が同時に成り立つときである。

(i) グラフが x 軸と異なる2点で交わる

2次方程式 $x^2 - 2mx - 3m + 4 = 0$ の判別式を D とすると

$$D = (-2m)^2 - 4(-3m + 4) = 4m^2 + 12m - 16$$

$D > 0$ であればよいから $m^2 + 3m - 4 > 0$

よって $(m + 4)(m - 1) > 0$ より

$$m < -4,\ 1 < m \quad \cdots\cdots①$$

(ii) グラフの軸が $x > 0$ の部分にある

軸が直線 $x = m$ であることより

$$m > 0 \quad \cdots\cdots②$$

(iii) グラフが下に凸より，y 軸との交点の y 座標 $f(0)$ が正

$f(0) = -3m + 4 > 0$ より

$$m < \dfrac{4}{3} \quad \cdots\cdots③$$

①，②，③を同時に満たす m の値の範囲は

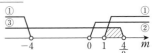

$$1 < m < \dfrac{4}{3} \quad 答$$

214 2次方程式 $x^2 + 4mx - m + 3 = 0$ が異なる2つの正の実数解をもつように，定数 m の値の範囲を定めよ。

215 2次方程式 $x^2 - mx + m + 3 = 0$ が異なる2つの負の実数解をもつように，定数 m の値の範囲を定めよ。

絶対値を含む関数のグラフ

例題 **27**

次の関数のグラフをかけ。

(1) $y = |x-2|$　　　　　　　　(2) $y = |x^2 - 2x - 3|$

考え方　絶対値の定義によって場合分けをして，絶対値記号をはずして考える。

解　(1) $y = |x-2|$ において，

(ⅰ) $x-2 \geqq 0$ すなわち $x \geqq 2$　のとき
$$y = x - 2$$

(ⅱ) $x-2 < 0$ すなわち $x < 2$　のとき
$$y = -(x-2) = -x + 2$$

よって，$y = |x-2|$
のグラフは右の図のようになる。　**答**

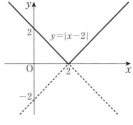

(2) $y = |x^2 - 2x - 3|$ において，

(ⅰ) $x^2 - 2x - 3 \geqq 0$ を解くと　$x \leqq -1,\ 3 \leqq x$
このとき
$$y = x^2 - 2x - 3$$
$$= (x-1)^2 - 4$$

(ⅱ) $x^2 - 2x - 3 < 0$ を解くと
$$(x+1)(x-3) < 0 \ \text{より}\ \ -1 < x < 3$$
このとき
$$y = -(x^2 - 2x - 3)$$
$$= -x^2 + 2x + 3$$
$$= -(x-1)^2 + 4$$

よって，$y = |x^2 - 2x - 3|$
のグラフは右の図のようになる。　**答**

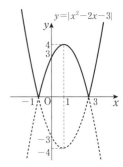

注　例題 27 において，$y = |x-2|$ のグラフは，$y = x-2$ のグラフの x 軸の下側にある部分を x 軸に関して対称移動したものであり，$y = |x^2 - 2x - 3|$ のグラフは，$y = x^2 - 2x - 3$ のグラフの x 軸の下側にある部分を x 軸に関して対称移動したものになっている。

216 次の関数のグラフをかけ。

(1) $y = |x+1|$　　　　　　　　(2) $y = |-2x+4|$

217 次の関数のグラフをかけ。

(1) $y = |x^2 - x|$　　　　　　　(2) $y = |-x^2 - 2x + 3|$

1節 三角比

⋮1 三角比

◾ サイン・コサイン・タンジェント

▶𝔄p.126〜p.131

∠C が直角の直角三角形 ABC において

$$\sin A = \frac{a}{c}, \quad \cos A = \frac{b}{c}, \quad \tan A = \frac{a}{b}$$

◾ 三角比の利用

∠C が直角の直角三角形 ABC において

$$a = c\sin A, \quad b = c\cos A, \quad a = b\tan A$$

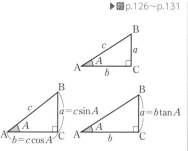

◾ 30°, 45°, 60° の三角比

A	30°	45°	60°
$\sin A$	$\dfrac{1}{2}$	$\dfrac{1}{\sqrt{2}}$	$\dfrac{\sqrt{3}}{2}$
$\cos A$	$\dfrac{\sqrt{3}}{2}$	$\dfrac{1}{\sqrt{2}}$	$\dfrac{1}{2}$
$\tan A$	$\dfrac{1}{\sqrt{3}}$	1	$\sqrt{3}$

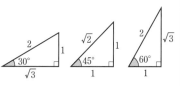

SPIRAL A

218 次の直角三角形 ABC において，$\sin A$，$\cos A$，$\tan A$ の値を求めよ。

▶𝔄p.127例1

*(1)

(2)

*(3)

219 次の直角三角形 ABC において，$\sin A$，$\cos A$，$\tan A$ の値を求めよ。

▶𝔄p.128例2

*(1)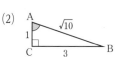

(2)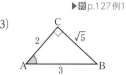

*(3)

220 次の値を，三角比の表を用いて求めよ。

▶𝔄p.129例3

*(1) $\sin 39°$ (2) $\cos 26°$ *(3) $\tan 70°$

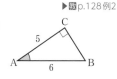

221 次の直角三角形 ABC において，*A* のおよその値を，三角比の表を用いて
求めよ。　　　　　　　　　　　　　　　　　　　　　　　▶國 p.129 例4

*(1) 　　　(2) 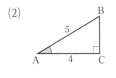　　　*(3)

222 次の直角三角形 ABC において，*x*，*y* の値を求めよ。　▶國 p.130, 131

*(1) 　　　(2) 　　　*(3)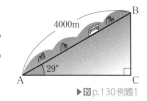

*(3) のグラフは右側に配置

223 右の図のようなケーブルカーにおいて，2 地点
A，B 間の距離は 4000 m，傾斜角は 29° である。
標高差 BC と水平距離 AC はそれぞれ何 m か。
小数第 1 位を四捨五入して求めよ。ただし，
$\sin 29° = 0.4848$，$\cos 29° = 0.8746$ とする。

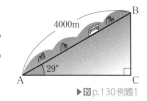

▶國 p.130 例題1

SPIRAL **B**

*224 ある鉄塔の根元から 20 m 離れた地点で，この
鉄塔の先端を見上げたら，見上げる角が 25° で
あった。目の高さを 1.6 m とすると，鉄塔の高
さは何 m か。小数第 2 位を四捨五入して求め
よ。ただし，$\tan 25° = 0.4663$ とする。

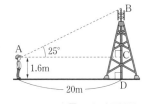

▶國 p.131 応用例題1

225 次の図の *A* の値を，三角比の表を用いて求めよ。　▶國 p.129 例4

(1) 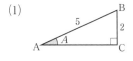　　　*(2)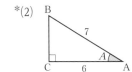

*226 右の図のように，山のふもとの A 駅と山頂の
B 駅を結ぶロープウェイがある。路線の全長は
2 km，標高差は 0.5 km であるとき，∠BAC
のおよその値を，三角比の表を用いて求めよ。

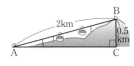

▶國 p.129 例4

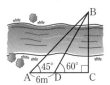

タンジェントと辺の長さ
▶敏p.158章末1

例題
28

右の図において，BC 間の距離を求めよ。ただし，
AD = 6 m，∠BAC = 45°，∠BDC = 60°
である。

解

BC = x (m) とすると，直角三角形 ABC において，
AC = BC = x であるから　　CD = $x - 6$
直角三角形 BCD において，BC = CD tan 60° より
$$x = (x - 6) \times \sqrt{3}　ゆえに　(\sqrt{3} - 1)x = 6\sqrt{3}$$
よって　$x = \dfrac{6\sqrt{3}}{\sqrt{3} - 1} = \dfrac{6\sqrt{3}(\sqrt{3} + 1)}{(\sqrt{3} - 1)(\sqrt{3} + 1)} = \dfrac{6(3 + \sqrt{3})}{2} = 9 + 3\sqrt{3}$ (m)　答

227 右の図において，塔の高さ BC を求めよ。
ただし，AD = 100 m，∠BAC = 30°，
∠BDC = 60° である。

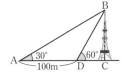

*228 右の図のように，ある地点 A から木の先端 B
を見上げる角が 30°，A より木に 10 m 近い地
点 D から木の先端 B を見上げる角が 45° であ
った。目の高さを 1.6 m とするとき，木の高さ
BC を小数第 2 位を四捨五入して求めよ。ただ
し，$\sqrt{3}$ = 1.732 とする。

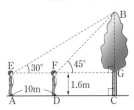

229 右の図において，AB = 8, BC = 6, ∠ABC = 60°
のとき，A のおよその値を，三角比の表を用いて
求めよ。ただし，$\sqrt{3}$ = 1.732 とする。

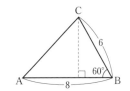

SPIRAL C

230 △ABC は ∠A = 36° の二等辺三角形である。底角B
の二等分線が辺 AC と交わる点を D，BC = 2 とすると
き，次の問いに答えよ。
(1) △ABC ∽ △BCD であることを用いて，AB の長
　さを求めよ。
(2) sin 18° の値を求めよ。
(3) cos 36° の値を求めよ。

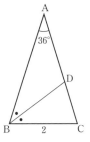

∴2 三角比の性質

1 三角比の相互関係

▶敎 p.132〜p.135

$$\tan A = \frac{\sin A}{\cos A}, \quad \sin^2 A + \cos^2 A = 1, \quad 1 + \tan^2 A = \frac{1}{\cos^2 A}$$

2 $90° - A$ の三角比

$$\sin(90° - A) = \cos A, \quad \cos(90° - A) = \sin A, \quad \tan(90° - A) = \frac{1}{\tan A}$$

SPIRAL A

231 $\sin A$ が次の値のとき，$\cos A$，$\tan A$ の値を求めよ。 ▶敎 p.133 例題2
ただし，$0° < A < 90°$ とする。

*(1) $\sin A = \dfrac{12}{13}$ (2) $\sin A = \dfrac{\sqrt{3}}{3}$ *(3) $\sin A = \dfrac{2}{\sqrt{5}}$

232 $\cos A$ が次の値のとき，$\sin A$，$\tan A$ の値を求めよ。 ▶敎 p.133 例題2
ただし，$0° < A < 90°$ とする。

*(1) $\cos A = \dfrac{3}{4}$ (2) $\cos A = \dfrac{5}{7}$ *(3) $\cos A = \dfrac{1}{\sqrt{3}}$

233 次の三角比を，$45°$ 以下の角の三角比で表せ。 ▶敎 p.135 例5

*(1) $\sin 87°$ (2) $\cos 74°$

*(3) $\tan 65°$ (4) $\dfrac{1}{\tan 85°}$

SPIRAL B

234 $\tan A$ が次の値のとき，$\cos A$，$\sin A$ の値を求めよ。
ただし，$0° < A < 90°$ とする。 ▶敎 p.134 応用例題2

*(1) $\tan A = \sqrt{5}$ (2) $\tan A = \dfrac{1}{2}$

235 次の式の値を求めよ。 ▶敎 p.135 例5

*(1) $\sin^2 35° + \sin^2 55°$ (2) $\cos^2 40° + \cos^2 50°$

*(3) $\tan 20° \times \tan 70°$ (4) $\dfrac{1}{\tan^2 40°} - \dfrac{1}{\cos^2 50°}$

∴3　三角比の拡張

1 三角比の拡張

右の図で，

$\angle \text{AOP} = \theta$, $\text{OP} = r$, $\text{P}(x, y)$

とすると

$$\sin\theta = \frac{y}{r}, \quad \cos\theta = \frac{x}{r}, \quad \tan\theta = \frac{y}{x}$$

▶敷p.136〜142

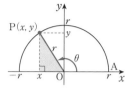

2 三角比の符号

3 180° − θ の三角比

$$\sin(180° - \theta) = \sin\theta, \quad \cos(180° - \theta) = -\cos\theta, \quad \tan(180° - \theta) = -\tan\theta$$

4 三角比の相互関係

$$\tan\theta = \frac{\sin\theta}{\cos\theta}, \quad \sin^2\theta + \cos^2\theta = 1, \quad 1 + \tan^2\theta = \frac{1}{\cos^2\theta}$$

SPIRAL A

236 次の角の三角比の値を求めよ。　　　　　　　　　　　　　▶敷p.137例6，例7

　　*(1)　120°　　　　　　　　　　　　　(2)　135°

　　*(3)　150°　　　　　　　　　　　　　(4)　180°

237 次の三角比を，鋭角の三角比で表せ。また，三角比の表を用いてその値を
　　　求めよ。　　　　　　　　　　　　　　　　　　　　　　　　▶敷p.139例8

　　*(1)　$\sin 130°$　　　　　　(2)　$\cos 105°$　　　　　　*(3)　$\tan 168°$

238 $0° \leqq \theta \leqq 180°$ のとき，次の等式を満たす θ を求めよ。　▶敷p.140例題3

　　*(1)　$\sin\theta = \dfrac{1}{\sqrt{2}}$　　　　　　　　　(2)　$\cos\theta = \dfrac{\sqrt{3}}{2}$

　　(3)　$\sin\theta = 0$　　　　　　　　　　*(4)　$\cos\theta = -1$

239 次の各場合について，他の三角比の値を求めよ。　　▶敎p.142例題4
ただし，$90° < \theta < 180°$ とする。

*(1)　$\sin\theta = \dfrac{1}{4}$　　　　　　　　　(2)　$\cos\theta = -\dfrac{12}{13}$

SPIRAL B

240 $0° \leqq \theta \leqq 180°$ のとき，次の等式を満たす θ を求めよ。　▶敎p.141応用例題3

*(1)　$\tan\theta = \dfrac{1}{\sqrt{3}}$　　　　(2)　$\tan\theta = 0$　　　*(3)　$\sqrt{3}\,\tan\theta + 1 = 0$

241 $0° \leqq \theta \leqq 180°$ のとき，次の等式を満たす θ を求めよ。　▶敎p.140例題3

(1)　$2\sin\theta - \sqrt{3} = 0$　　　　　　*(2)　$2\cos\theta - \sqrt{2} = 0$

***242** $\tan\theta = -\dfrac{1}{2}$ のとき，$\cos\theta$，$\sin\theta$ の値を求めよ。

ただし，$90° < \theta < 180°$ とする。　　　　▶敎p.142応用例題4

243 次の式の値を求めよ。

(1)　$\sin 115° + \cos 155° + \tan 35° + \tan 145°$

(2)　$(\cos 20° - \cos 70°)^2 + (\sin 110° + \sin 160°)^2$

(3)　$\sin 80° \cos 170° - \cos 80° \sin 170°$

(4)　$\tan 70° \tan 160° - 2\tan 50° \tan 140°$

244 次の各場合について，他の三角比の値を求めよ。
ただし，$0° \leqq \theta \leqq 180°$ とする。　　　　▶敎p.142例題4

(1)　$\sin\theta = \dfrac{1}{5}$　　　　　　　　*(2)　$\cos\theta = \dfrac{1}{\sqrt{5}}$

245 次の各場合について，θ の値を求めよ。ただし，$0° \leqq \theta \leqq 180°$ とする。

*(1)　$\sin\theta(\sqrt{2}\,\sin\theta - 1) = 0$　　　　(2)　$(\cos\theta + 1)(2\cos\theta + 1) = 0$

SPIRAL C

例題
29

―――三角比を含む不等式

$0° \leqq \theta \leqq 180°$ のとき，次の不等式を解け。

(1) $\sin\theta > \dfrac{\sqrt{3}}{2}$

(2) $\cos\theta \leqq -\dfrac{1}{\sqrt{2}}$

考え方　単位円の周上の点 (x, y) について，$\sin\theta = y$, $\cos\theta = x$ であることを利用する。

(1)では，y 座標が $\dfrac{\sqrt{3}}{2}$ より大きくなるような θ の範囲

(2)では，x 座標が $-\dfrac{1}{\sqrt{2}}$ 以下となるような θ の範囲

解　(1) 単位円の x 軸より上側の周上の点で，

y 座標が $\dfrac{\sqrt{3}}{2}$

となるのは右の図の 2 点 P，P′ である。

$\angle AOP = 60°$, $\angle AOP' = 120°$

であるから，不等式の解は

$60° < \theta < 120°$ 答

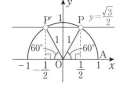

(2) 単位円の x 軸より上側の周上の点で，

x 座標が $-\dfrac{1}{\sqrt{2}}$

となるのは右の図の点 P である。

$\angle AOP = 135°$

であるから，不等式の解は

$135° \leqq \theta \leqq 180°$ 答

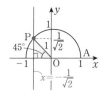

246 $0° \leqq \theta \leqq 180°$ のとき，次の不等式を解け。

(1) $\sin\theta \leqq \dfrac{1}{2}$

(2) $\cos\theta > \dfrac{1}{\sqrt{2}}$

247 次の式の値を求めよ。

(1) $(1 - \sin\theta)(1 + \sin\theta) - \dfrac{1}{1 + \tan^2\theta}$

(2) $\tan^2\theta(1 - \sin^2\theta) + \cos^2\theta$

(3) $(2\sin\theta + \cos\theta)^2 + (\sin\theta - 2\cos\theta)^2$

(4) $\dfrac{1}{1 + \tan^2\theta} + \cos^2(90° - \theta)$

(5) $\dfrac{(1 + \tan\theta)^2}{1 + \tan^2\theta} + (\sin\theta - \cos\theta)^2$

———— 三角比の式の値

例題 30

$\sin\theta + \cos\theta = \dfrac{2}{3}$ のとき，次の式の値を求めよ。ただし，

$0° \leqq \theta \leqq 180°$ とする。

(1) $\sin\theta\cos\theta$　　　　　　　(2) $\sin\theta - \cos\theta$

解

(1) $(\sin\theta + \cos\theta)^2 = \left(\dfrac{2}{3}\right)^2$ より　$\sin^2\theta + 2\sin\theta\cos\theta + \cos^2\theta = \dfrac{4}{9}$

$\sin^2\theta + \cos^2\theta = 1$ より　　　　　　　$1 + 2\sin\theta\cos\theta = \dfrac{4}{9}$

よって　　$\boldsymbol{\sin\theta\cos\theta = -\dfrac{5}{18}}$ 答

(2) $(\sin\theta - \cos\theta)^2 = \sin^2\theta - 2\sin\theta\cos\theta + \cos^2\theta$

$\qquad\qquad\qquad = 1 - 2\sin\theta\cos\theta = 1 - 2\times\left(-\dfrac{5}{18}\right) = \dfrac{14}{9}$

ゆえに　　$\sin\theta - \cos\theta = \pm\sqrt{\dfrac{14}{9}} = \pm\dfrac{\sqrt{14}}{3}$

$0° \leqq \theta \leqq 180°$, $\sin\theta\cos\theta < 0$ より　　$\sin\theta > 0$, $\cos\theta < 0$

よって　　$\sin\theta - \cos\theta > 0$

したがって　　$\boldsymbol{\sin\theta - \cos\theta = \dfrac{\sqrt{14}}{3}}$ 答

248 $\sin\theta + \cos\theta = \dfrac{1}{2}$ のとき，次の式の値を求めよ。ただし，$0° \leqq \theta \leqq 180°$

とする。

(1) $\sin\theta\cos\theta$　　　　(2) $\sin\theta - \cos\theta$　　　　(3) $\tan\theta + \dfrac{1}{\tan\theta}$

———— タンジェントと直線の傾き

例題 31

原点を通る直線 $y = mx$ と x 軸の正の向きとのなす角 θ が次のように与

えられたとき，m の値を求めよ。

(1) $\theta = 60°$　　　　(2) $\theta = 135°$

解

直線 $y = mx$ と直線 $x = 1$ の交点Pの座標は P$(1,\ m)$ である。

ここで，$\tan\theta = \dfrac{m}{1} = m$ であるから

$\qquad m = \tan\theta$

(1) $m = \tan 60°$ より　　$\boldsymbol{m = \sqrt{3}}$ 答

(2) $m = \tan 135°$ より　　$\boldsymbol{m = -1}$ 答

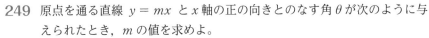

249 原点を通る直線 $y = mx$ と x 軸の正の向きとのなす角 θ が次のように与

えられたとき，m の値を求めよ。

(1) $\theta = 30°$　　　　(2) $\theta = 45°$　　　　(3) $\theta = 120°$

2節 三角比と図形の計量

∴1 正弦定理

∴2 余弦定理

▶教 p.144～p.149

■1 正弦定理

△ABC において，次の正弦定理が成り立つ。

$$\frac{a}{\sin A} = \frac{b}{\sin B} = \frac{c}{\sin C} = 2R$$

ただし，R は △ABC の外接円の半径

■2 余弦定理

△ABC において，次の余弦定理が成り立つ。

$$a^2 = b^2 + c^2 - 2bc \cos A$$
$$b^2 = c^2 + a^2 - 2ca \cos B$$
$$c^2 = a^2 + b^2 - 2ab \cos C$$

余弦定理から，次のことも成り立つ。

[1] $\cos A = \dfrac{b^2 + c^2 - a^2}{2bc}$, $\quad \cos B = \dfrac{c^2 + a^2 - b^2}{2ca}$, $\quad \cos C = \dfrac{a^2 + b^2 - c^2}{2ab}$

[2] $b^2 + c^2 > a^2 \Longleftrightarrow A$ は鋭角
   $b^2 + c^2 = a^2 \Longleftrightarrow A$ は直角
   $b^2 + c^2 < a^2 \Longleftrightarrow A$ は鈍角

SPIRAL A

250 △ABC において，外接円の半径 R を求めよ。　▶教 p.145 例1

*(1) $b = 5$, $B = 45°$　　　　　(2) $c = \sqrt{3}$, $C = 150°$

251 △ABC において，次の問いに答えよ。　▶教 p.145 例題1

*(1) $a = 12$, $A = 30°$, $B = 45°$ のとき，b を求めよ。

(2) $a = 4$, $B = 75°$, $C = 45°$ のとき，c を求めよ。

252 △ABC において，次の問いに答えよ。　▶教 p.146 例2

*(1) $c = \sqrt{3}$, $a = 4$, $B = 30°$ のとき，b を求めよ。

(2) $b = 3$, $c = 4$, $A = 120°$ のとき，a を求めよ。

(3) $a = 2$, $b = 1 + \sqrt{3}$, $C = 60°$ のとき，c を求めよ。

253 △ABC において，次の問いに答えよ。　▶教 p.147 例題2

*(1) $a = 7$, $b = 5$, $c = 3$ のとき，$\cos A$ の値と A を求めよ。

(2) $a = 4$, $b = \sqrt{10}$, $c = 3\sqrt{2}$ のとき，$\cos B$ の値と B を求めよ。

(3) $a = 7$, $b = 6\sqrt{2}$, $c = 11$ のとき，$\cos C$ の値と C を求めよ。

SPIRAL B

254 △ABC において，3辺の長さが次のとき，A は鋭角，直角，鈍角のいずれであるか。 ▶教p.147

(1) $a = 4$, $b = 3$, $c = 2$

(2) $a = 6$, $b = 4$, $c = 5$

(3) $a = 13$, $b = 12$, $c = 5$

*255 △ABC において，残りの辺の長さと角の大きさを求めよ。

▶教p.148 応用例題1

(1) $a = \sqrt{2}$, $c = \sqrt{3} - 1$, $B = 135°$

(2) $b = \sqrt{6}$, $c = \sqrt{3} - 1$, $A = 45°$

(3) $a = 2\sqrt{2}$, $c = \sqrt{6}$, $C = 60°$

256 円に内接する四角形 ABCD において，
AB = 3，BC = 1，DA = 4，∠BAD = 60°
のとき，次の長さを求めよ。 ▶教p.149 思考力✚

(1) 対角線 BD (2) 辺 CD

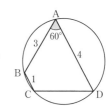

257 △ABC において，$a = 8$, $b = 4$, $c = 6$ とする。
また，線分 BC の中点を M とし，AM = x とするとき，次の問いに答えよ。

(1) △ABC において，$\cos B$ の値を求めよ。

(2) △ABM において，余弦定理を用いて x を求めよ。

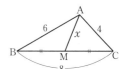

*258 △ABC において，次の問いに答えよ。

(1) $b = 2\sqrt{2}$, $c = 4$, $C = 45°$ のとき，B を求めよ。

(2) $a = 3$, 外接円の半径 $R = 3$ のとき，A を求めよ。

*259 △ABC において，$a = 1$, $b = \sqrt{2}$, $c = \sqrt{5}$ のとき，C の大きさと，外接円の半径 R を求めよ。

――――――― 正弦定理の応用 [1]

例題 32　△ABC において，$a = 3\sqrt{2}$，$b = 3$，$A = 45°$ のとき，B と外接円の半径 R を求めよ。

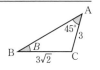

解　正弦定理より　$\dfrac{3\sqrt{2}}{\sin 45°} = \dfrac{3}{\sin B}$

両辺に $\sin 45° \sin B$ を掛けて

$$3\sqrt{2} \times \sin B = 3 \times \sin 45°$$

ゆえに　　$\sin B = \dfrac{3}{3\sqrt{2}} \times \sin 45°$

$$= \dfrac{1}{\sqrt{2}} \times \dfrac{1}{\sqrt{2}} = \dfrac{1}{2}$$

ここで，$A = 45°$ であるから，$B < 135°$ より

$B = 30°$ **答**

また，正弦定理より　$\dfrac{3\sqrt{2}}{\sin 45°} = 2R$

よって　　$R = \dfrac{1}{2} \times \dfrac{3\sqrt{2}}{\sin 45°} = \dfrac{1}{2} \times 3\sqrt{2} \div \dfrac{1}{\sqrt{2}} = 3$ **答**

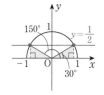

260　△ABC において，外接円の半径を R とするとき，次の問いに答えよ。

(1)　$a = \sqrt{3}$，$b = \sqrt{2}$，$A = 60°$ のとき，B と R を求めよ。

(2)　$b = 2\sqrt{3}$，$c = 2$，$B = 120°$ のとき，C と R を求めよ。

SPIRAL **C**

――――――― 正弦定理の応用 [2]

例題 33　△ABC において，次の等式が成り立つとき，C を求めよ。　▶数 p.159 章末6

$$\frac{\sin A}{5} = \frac{\sin B}{16} = \frac{\sin C}{19}$$

考え方　正弦定理 $\dfrac{a}{\sin A} = \dfrac{b}{\sin B} = \dfrac{c}{\sin C}$ より　$a : b : c = \sin A : \sin B : \sin C$ が成り立つ。

解　$\dfrac{\sin A}{5} = \dfrac{\sin B}{16} = \dfrac{\sin C}{19}$ より　$\sin A : \sin B : \sin C = 5 : 16 : 19$

よって　　$a : b : c = 5 : 16 : 19$

となるから，$a = 5k$，$b = 16k$，$c = 19k$ $(k > 0)$ とおける。

余弦定理より　$\cos C = \dfrac{(5k)^2 + (16k)^2 - (19k)^2}{2 \cdot 5k \cdot 16k}$　　$\leftarrow \cos C = \dfrac{a^2 + b^2 - c^2}{2ab}$

$$= \dfrac{25k^2 + 256k^2 - 361k^2}{160k^2} = -\dfrac{1}{2}$$

$0° < C < 180°$ より　　$C = 120°$ **答**

261　△ABC において，$\sin A : \sin B : \sin C = 5 : 8 : 7$ のとき，C を求めよ。

262 右の図において，次の問いに答えよ。

(1) BD の長さを求めよ。

(2) $\sin 15°$ の値を求めよ。

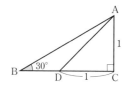

263 右の図において，次の問いに答えよ。

(1) $b = 2\sqrt{3}$ のとき，c, a を求めよ。

(2) $\sin 75°$ の値を求めよ。

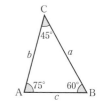

第4章 図形と計量

―――――三角比と三角形の形状

例題 34 △ABC において，$\sin A = \cos B \sin C$ が成り立つとき，この三角形はどのような三角形か。

解 △ABC の外接円の半径をRとすると，

$$\frac{a}{\sin A} = 2R, \quad \frac{c}{\sin C} = 2R$$

より $\sin A = \dfrac{a}{2R}$, $\sin C = \dfrac{c}{2R}$ ……①

また，余弦定理より $\cos B = \dfrac{c^2 + a^2 - b^2}{2ca}$ ……②

①，②を与えられた条件式に代入すると

$$\frac{a}{2R} = \frac{c^2 + a^2 - b^2}{2ca} \times \frac{c}{2R}$$

両辺に $2R$ を掛けて $a = \dfrac{c^2 + a^2 - b^2}{2a}$

さらに，両辺に $2a$ を掛けて整理すると

$$a^2 + b^2 = c^2$$

よって，△ABC は **$C = 90°$ の直角三角形** である。 **答**

264 △ABC において，$\sin C = 2\sin B \cos A$ が成り立つとき，この三角形はどのような三角形か。

265 △ABC において，次の等式が成り立つことを証明せよ。

*(1) $a(\sin B + \sin C) = (b + c)\sin A$

(2) $\dfrac{a - c\cos B}{b - c\cos A} = \dfrac{\sin B}{\sin A}$

ヒント 262 (2)△ABD において，正弦定理を用いる。

⋮3 三角形の面積

▶️p.150〜p.153

1 三角形の面積

△ABC の面積 S $\qquad S = \dfrac{1}{2}bc\sin A = \dfrac{1}{2}ca\sin B = \dfrac{1}{2}ab\sin C$

2 三角形の内接円と面積

△ABC において $\qquad S = \dfrac{1}{2}r(a+b+c)$ ただし，r は内接円の半径

SPIRAL A

266 次の △ABC の面積 S を求めよ。 ▶️p.151例3

*(1) $b = 5$, $c = 4$, $A = 45°$ (2) $a = 6$, $b = 4$, $C = 120°$

*(3) $B = 45°$, $C = 75°$, $b = \sqrt{6}$, $c = 1+\sqrt{3}$

*267 $a = 2$, $b = 3$, $c = 4$ である △ABC について，次の値を求めよ。

(1) $\cos A$ (2) $\sin A$ ▶️p.151例題3

(3) △ABC の面積 S

SPIRAL B

*268 $A = 120°$, $b = 5$, $c = 3$ である △ABC の面積を S, 内接円の半径を r として，次の問いに答えよ。 ▶️p.152応用例題2

(1) a を求めよ。 (2) S および r を求めよ。

*269 $a = 8$, $b = 5$, $c = 7$ である △ABC について，次の問いに答えよ。

▶️p.151例題3, p.152応用例題2

(1) △ABC の面積 S を求めよ。 (2) 内接円の半径 r を求めよ。

270 外接円の半径が 3 の正三角形の面積 S を求めよ。

271 △ABC において，$b = 2$, $c = 3$, $A = 60°$ とする。∠A の二等分線が辺 BC と交わる点を D とし，AD $= x$ とおく。このとき，次の問いに答えよ。

(1) △ABD, △ACD の面積を，x を用いて表せ。 (2) x の値を求めよ。

SPIRAL **C**

272 次のような △ABC の面積 S を求めよ。　　　　　▶数 p.153 思考力➕

(1)　$a = 4$,　$b = 5$,　$c = 7$ 　　　　　(2)　$a = 5$,　$b = 6$,　$c = 9$

例題 35

————円に内接する四角形の面積

右の図のような，円に内接する四角形 ABCD において，　　▶数 p.159 章末7

AB = 4，BC = 3，CD = 2，DA = 2

であるとき，次の問いに答えよ。

(1)　∠BAD = θ とするとき，$\cos\theta$ の値を求めよ。

(2)　対角線 BD の長さを求めよ。

(3)　四角形 ABCD の面積 S を求めよ。

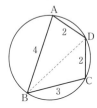

考え方　$\cos C = \cos(180° - A) = -\cos A$ が成り立つ。

解

(1)　△ABD において，余弦定理より

$$BD^2 = 4^2 + 2^2 - 2 \times 4 \times 2 \times \cos\theta = 20 - 16\cos\theta$$

△BCD において，余弦定理より

$$BD^2 = 3^2 + 2^2 - 2 \times 3 \times 2 \times \cos(180° - \theta) = 13 + 12\cos\theta$$

ゆえに　　$20 - 16\cos\theta = 13 + 12\cos\theta$

よって　　$\cos\theta = \dfrac{1}{4}$　**答**

(2)　(1)より　　$BD^2 = 20 - 16\cos\theta = 20 - 16 \times \dfrac{1}{4} = 16$

よって，$BD > 0$ より　　$BD = \sqrt{16} = 4$　**答**

(3)　$0° < \theta < 180°$ より，$\sin\theta > 0$ であるから

$$\sin\theta = \sqrt{1 - \cos^2\theta} = \sqrt{1 - \left(\dfrac{1}{4}\right)^2} = \sqrt{\dfrac{15}{16}} = \dfrac{\sqrt{15}}{4}$$

よって　$S = \triangle ABD + \triangle BCD$

$\sin(180° - \theta) = \sin\theta$

$$= \dfrac{1}{2} \times AB \times AD \times \sin\theta + \dfrac{1}{2} \times BC \times CD \times \sin(180° - \theta)$$

$$= \dfrac{1}{2} \times 4 \times 2 \times \dfrac{\sqrt{15}}{4} + \dfrac{1}{2} \times 3 \times 2 \times \dfrac{\sqrt{15}}{4} = \dfrac{7\sqrt{15}}{4}$$　**答**

---

273 円に内接する四角形 ABCD において

AB = 1，BC = 2，CD = 3，DA = 4

のとき，次の問いに答えよ。

(1)　∠BAD = θ とするとき，$\cos\theta$ の値を求めよ。

(2)　四角形 ABCD の面積 S を求めよ。

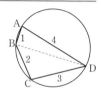

ヒント　**272** ヘロンの公式　$S = \sqrt{s(s-a)(s-b)(s-c)}$　ただし，$s = \dfrac{a+b+c}{2}$

を用いる。

:4　空間図形の計量

1 空間図形への三角比の応用

▶教p.154〜p.156

空間図形に含まれる三角形や空間図形の切断面などに着目して，
正弦定理や余弦定理を用いることにより，辺の長さや面積を求める。

SPIRAL A

274 右の図のように，30 m 離れた 2 地点 A，B と塔の
先端 C について，∠CAH = 45°，∠HBA = 60°，
∠HAB = 75° であった。このとき，塔の高さ CH
を求めよ。　　　　　　　　　▶教p.154 例題4

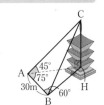

*275 右の図のように，4 m 離れた 2 地点 A，B と木の先
端 C について，∠CBH = 30°，∠CAB = 45°，
∠ABC = 105° であった。このとき，木の高さ CH
を求めよ。　　　　　　　　　▶教p.154 例題4

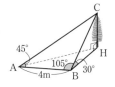

SPIRAL B

276 右の図において，

　　∠PHA = ∠PHB = 90°

　　∠PAH = 60°，∠HAB = 30°

　　∠AHB = 105°，BH = 10

であるとき，次の問いに答えよ。　　▶教p.154 例題4

(1) PH の長さを求めよ。

(2) ∠PBH = θ とするとき，$\cos\theta$ の値を求めよ。

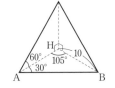

*277 右の図のような直方体 ABCD-EFGH
がある。AD = 1，AB = $\sqrt{3}$，AE = $\sqrt{6}$
のとき，次の問いに答えよ。　　▶教p.155 応用例題3

(1) AC，AF，FC の長さを求めよ。

(2) ∠CAF = θ とするとき，θ の大きさを求めよ。

(3) △AFC の面積 S を求めよ。

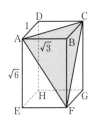

SPIRAL C

正四面体と内接球

例題 36　1辺の長さが4である正四面体 ABCD について，次の問いに答えよ。

(1)　体積 V を求めよ。

(2)　内接する球Oの半径 r を求めよ。

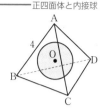

考え方　(2)　4つの四面体 OABC，OABD，OACD，OBCD の体積が等しいことを利用する。

解　(1)　辺 BC の中点を M とし，頂点Aから線分 DM に垂線 AH をおろすと，AH の長さは △BCD を底面としたときの正四面体 ABCD の高さになっている。

正四面体 ABCD の各面は1辺の長さが4の正三角形であるから

$$AM = DM = 4 \times \sin 60° = 2\sqrt{3}$$

∠AMD $= \theta$ とすると

$$AH = AM\sin\theta \quad \cdots\cdots ①$$

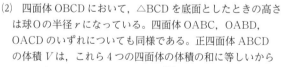

△AMD において，余弦定理より

$$\cos\theta = \frac{(2\sqrt{3})^2 + (2\sqrt{3})^2 - 4^2}{2 \times 2\sqrt{3} \times 2\sqrt{3}} = \frac{1}{3}$$

$\sin\theta > 0$ であるから　$\sin\theta = \sqrt{1 - \left(\frac{1}{3}\right)^2} = \frac{2\sqrt{2}}{3}$

よって，①より　$AH = 2\sqrt{3} \times \frac{2\sqrt{2}}{3} = \frac{4\sqrt{6}}{3}$

したがって　$V = \frac{1}{3} \times \triangle BCD \times AH = \frac{1}{3} \times \left(\frac{1}{2} \times 4^2 \times \sin 60°\right) \times \frac{4\sqrt{6}}{3}$

$$= \frac{1}{3} \times 4\sqrt{3} \times \frac{4\sqrt{6}}{3} = \frac{16\sqrt{2}}{3} \quad \boxed{答}$$

(2)　四面体 OBCD において，△BCD を底面としたときの高さは球Oの半径 r になっている。四面体 OABC，OABD，OACD のいずれについても同様である。正四面体 ABCD の体積 V は，これら4つの四面体の体積の和に等しいから

$$\left(\frac{1}{3} \times 4\sqrt{3} \times r\right) \times 4 = \frac{16\sqrt{2}}{3} \quad \leftarrow(底面積) = 4\sqrt{3}$$

よって　$r = \frac{\sqrt{6}}{3}$ 　$\boxed{答}$

278　右の図の四面体 ABCD において，

$$AB = AC = AD = 6$$

$$BC = CD = DB = 6\sqrt{2}$$

である。この四面体について，次の問いに答えよ。

(1)　体積 V を求めよ。　　　　(2)　内接する球Oの半径 r を求めよ。

1節　データの整理

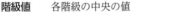

◇1	度数分布

◇2	代表値

▶數p.162〜p.165

1 度数分布表

度数分布表

階級　　　データの値の範囲をいくつかに分けた各区間

階級の幅　データの値の範囲をいくつかに分けた区間の幅

度数　　　各階級に含まれる値の個数

階級値　　各階級の中央の値

ヒストグラム　度数分布表の階級の幅を底辺，
度数を高さとする長方形で表
したグラフ

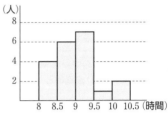

相対度数　　$\dfrac{\text{度数}}{\text{度数の合計}}$

相対度数分布表　相対度数を記した度数分布表

2 代表値

平均値　値の総和をデータの大きさ n で割った値

$$\bar{x} = \frac{1}{n}(x_1 + x_2 + \cdots\cdots + x_n)$$

最頻値（モード）　データにおいて，最も個数の多い値。度数分布表に整理されてい
るときは，度数が最も多い階級の階級値

中央値（メジアン）　データの値を小さい順に並べたとき，その中央に位置する値
データの大きさが偶数のときは，中央に並ぶ2つの値の平均値

SPIRAL　A

*279　右の度数分布表は，ある高校の1年生20人につい
て，50 m 走の記録を整理したものである。

(1)　度数が1である階級の階級値を求めよ。

(2)　速い方から5番目の生徒がいる階級の階級値を
求めよ。

(3)　9.5秒未満の生徒は何人いるか。

(4)　9.5秒以上の生徒は何人いるか。

階級 (秒) 以上〜未満	度数 (人)
8.0〜8.5	4
8.5〜9.0	6
9.0〜9.5	7
9.5〜10.0	1
10.0〜10.5	2
計	20

*280　右のデータは，ある高校の1
年生20人の上体起こしの記
録である。　▶國p.163練習1, 2

| 24 | 31 | 19 | 27 | 24 | 25 | 23 | 20 | 12 | 21 |
| 21 | 19 | 24 | 23 | 26 | 21 | 31 | 26 | 27 | 18 |

(回)

(1)　このデータの相対度数分布表を完
成せよ。

(2)　(1)のヒストグラムをかけ。

(3)　(1)の度数分布表で最頻値を求めよ。

階級 (回) 以上～未満	階級値 (回)	度数 (人)	相対 度数
12～16			
16～20			
20～24			
24～28			
28～32			
計		20	1

281　大きさが5のデータ 18, 21, 31, 9, 17 の平均値を求めよ。　▶國p.164例1

282　次のデータは，あるクラスの男子A班とB班の握力の記録である。

| A班 | 29 | 33 | 35 | 38 | 40 | 41 | 49 | 51 | 53 | |
| B班 | 23 | 30 | 36 | 39 | 41 | 43 | 44 | 46 | 48 | 50 |

(kg)

(1)　A班とB班の平均値をそれぞれ求めよ。　▶國p.164例1

(2)　A班とB班の中央値をそれぞれ求めよ。　▶國p.165例3

283　次の小さい順に並べられたデータについて，中央値を求めよ。

*(1)　10, 17, 27, 27, 27, 32, 36, 58, 59, 85, 94　▶國p.165例3

(2)　9, 18, 27, 37, 37, 54, 56, 68, 99

*(3)　1, 13, 14, 20, 28, 41, 58, 62, 89, 95

(4)　3, 9, 13, 13, 17, 21, 24, 25, 66, 75, 82, 86

SPIRAL B

284　大きさが6のデータ 25, 19, k, 10, 32, 16 の平均値が 21 であるとき，k
の値を求めよ。

285　右の表は，3つのグループA, B, C
に対して行った100点満点のテスト
の結果である。a の値を求めよ。

	A	B	C	計
人数	12	20	8	40
平均値 (点)	85	75.6	64.5	a

▶教 p.166〜p.169

∴3 | 四分位数と四分位範囲

1 四分位数 データの値を小さい順に並べたとき
  第2四分位数 Q_2 データ全体の中央値
  第1四分位数 Q_1 中央値で分けられた前半のデータの中央値
  第3四分位数 Q_3 中央値で分けられた後半のデータの中央値
  四分位範囲 ＝（第3四分位数）−（第1四分位数）＝ $Q_3 - Q_1$
  範囲 ＝（最大値）−（最小値）

2 箱ひげ図

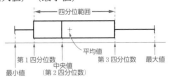

SPIRAL A

286 次の小さい順に並べられたデータについて，四分位数を求めよ。

  *(1) 3, 3, 4, 6, 7, 8, 9   ▶教 p.166 例4

  (2) 2, 3, 3, 5, 6, 6, 7, 9

  (3) 5, 7, 7, 8, 10, 12, 13, 15, 16

  *(4) 12, 14, 14, 14, 15, 17, 17, 17, 18, 18

287 次の小さい順に並べられたデータについて，範囲および四分位範囲を求め
  よ。また，箱ひげ図をかけ。   ▶教 p.167 例5, 6

  *(1) 5, 6, 8, 9, 10, 10, 11   (2) 1, 2, 2, 2, 5, 5, 5, 5, 6, 7

  *(3) 5, 5, 5, 5, 7, 8, 8, 9, 9, 10, 12

288 右の図は，ある年の3月（31日間）の，那覇と東
  京における1日の最高気温のデータを箱ひげ図に
  表したものである。2つの箱ひげ図から正しいと
  判断できるものを，次の①〜④からすべて選べ。
                          ▶教 p.168 例7

  ① 範囲は，東京の方が那覇より大きい。

  ② 四分位範囲は東京の方が小さい。

  ③ 那覇では，最高気温が 15℃ 以下の日はない。

  ④ 東京で最高気温が 10℃ 未満の日数は 7 日である。

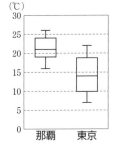

289 右の@〜@のヒストグラムは，下の⑦
〜㊅の箱ひげ図のどれに対応してい
か。　　　　　　　　▶️教p.169例8

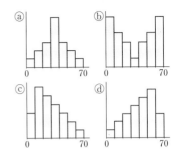

SPIRAL **B**

290 次のデータは，9人の生徒に行った国語，数学，英語のテストの得点である。
いずれも満点は100点で，点数の低い順に並べてある。　▶️教p.166例4,
　　　　　　　　　　　　　　　　　　　　　　　　　　p.167例5,
　　　　　　　　　　　　　　　　　　　　　　　　　　p.167例6

国語	31	39	55	59	64	68	78	78	91
数学	29	44	56	59	67	67	70	88	98
英語	34	46	48	56	65	79	84	86	90	(点)

(1) 教科ごとの箱ひげ図を並べてかけ。

(2) 四分位範囲が最も大きい教科を答えよ。

291 ある高校の体育委員8人の体重は次の
ようであった。

　52, 55, 55, 61, 63, 65, 67, 70 (kg)
このデータの箱ひげ図として適当なも
のは，右の⑦〜㊅のうちどれか。

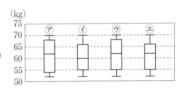

292 次の図は，16人が行ったあるゲームの得点をヒストグラムにまとめたもの
である。このデータの箱ひげ図として，ヒストグラムと矛盾しないものは
⑦〜⑦のうちどれか。

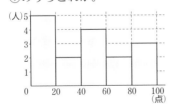
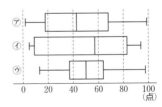

293 下の表は，9人に対して行った100点満点のテストの得点を，点数の低い
順に並べたものである。平均値が79，中央値が77，四分位範囲が13であ
るとき，a，b，cの値を求めよ。

67	72	74	75	a	80	b	88	c	(点)

2節 データの分析

∺1 分散と標準偏差

1 分散 大きさ n のデータ $x_1,\ x_2,\ \cdots\cdots,\ x_n$ の平均値が $\overline{x}$ のとき ▶敎p.170〜p.172

[1] $\quad s^2 = \dfrac{1}{n}\{(x_1-\overline{x})^2 + (x_2-\overline{x})^2 + \cdots\cdots + (x_n-\overline{x})^2\}$

[2] $\quad s^2 = \dfrac{1}{n}(x_1{}^2 + x_2{}^2 + \cdots\cdots + x_n{}^2) - \left\{\dfrac{1}{n}(x_1 + x_2 + \cdots\cdots + x_n)\right\}^2$ ←(2乗の平均)−(平均の2乗)

2 標準偏差 分散の正の平方根, すなわち 標準偏差 $= \sqrt{\text{分散}}$

[1] $\quad s = \sqrt{\dfrac{1}{n}\{(x_1-\overline{x})^2 + (x_2-\overline{x})^2 + \cdots\cdots + (x_n-\overline{x})^2\}}$

[2] $\quad s = \sqrt{\dfrac{1}{n}(x_1{}^2 + x_2{}^2 + \cdots\cdots + x_n{}^2) - \left\{\dfrac{1}{n}(x_1 + x_2 + \cdots\cdots + x_n)\right\}^2}$ ←$\sqrt{(2乗の平均)−(平均の2乗)}$

SPIRAL A

294 次のデータの分散 s^2 と標準偏差 s を求めよ。 ▶敎p.171 例1

*(1) 3, 5, 7, 4, 6

(2) 1, 2, 5, 5, 7, 10

*(3) 44, 45, 46, 49, 51, 52, 54, 56, 61, 62

295 次の2つのデータ x, y について, それぞれの標準偏差を求めて散らばり
の度合いを比較せよ。 ▶敎p.171 例2

$$x : 4,\ 6,\ 7,\ 8,\ 10 \qquad y : 4,\ 5,\ 7,\ 9,\ 10$$

296 大きさが5のデータ 8, 2, 4, 6, 5 の分散 s^2 と標準偏差 s を, 上の囲みに
ある分散の [2] の公式を用いて求めよ。 ▶敎p.172 例3

297 次のデータは, あるプロ野球球団の選手9人の身長の記録である。下の表
を利用してこのデータの分散 s^2 を求めよ。 ▶敎p.171 例1

	身長 (cm)									計	平均値
x	169	170	175	177	177	178	180	183	184	1593	177
$x-\overline{x}$											
$(x-\overline{x})^2$											

298 次の変量 x の分散 s^2 を，下の表を利用して求めよ。　　　　▶教 p.172 例3

							計	平均値
x	2	4	4	5	7	8		
x^2								

SPIRAL **B**

度数分布表にまとめられたデータの分散

例題 **37**	変量 x の値について，右の度数分布表にまとめられている。この表を用いて次の問いに答えよ。

(1) 平均値 $\bar{x}$ を求めよ。

(2) 分散 s^2 を求めよ。

変量 x	度数 f	xf	$x - \bar{x}$	$(x - \bar{x})^2 f$
1	1	1	-2	4
2	2	4	-1	2
3	4	12	0	0
4	2	8	1	2
5	1	5	2	4
計	10	30		12

考え方　(1) 値の総和は xf の和であり，データの大きさは度数の和である。

解　(1) 値の総和は xf の和であるから，平均値 $\bar{x}$ は

$$\bar{x} = \frac{30}{10} = 3 \quad 答$$

(2) 偏差の2乗の和は $(x - \bar{x})^2 f$ の和であるから，分散 s^2 は

$$s^2 = \frac{12}{10} = 1.2 \quad 答$$

299 変量 x の値について，下の度数分布表にまとめられている。この表を利用して，分散 s^2 を求めよ。

変量 x	度数 f	xf	$x - \bar{x}$	$(x - \bar{x})^2 f$
1	2			
2	2			
3	11			
4	4			
5	1			
計	20			

300 下の度数分布表で与えられたデータの分散 s^2 を求めよ。

階級値	4	8	12	16	20
度数	2	3	9	5	1

SPIRAL **C**

▶数 p.184 章末1

例題
38

全体の平均値と標準偏差

下の表は，あるクラス 32 人を A 班と B 班に分けて行ったテストの結果である。このクラス全体について，点数の平均値と標準偏差を求めよ。

	人数	平均値	標準偏差
A 班	12 人	64 点	9
B 班	20 人	48 点	13

解

全体の平均値は　　$\dfrac{1}{12+20}(64 \times 12 + 48 \times 20) = \dfrac{1728}{32} = 54$ (点) 答

A 班の得点の 2 乗の平均値を a とすると
　　$9^2 = a - 64^2$ より　　$a = 4177$ 　　←分散 ＝ (2 乗の平均) － (平均の 2 乗)

B 班の得点の 2 乗の平均値を b とすると
　　$13^2 = b - 48^2$ より　　$b = 2473$

これより，全体の分散は
　　$\dfrac{1}{12+20}(4177 \times 12 + 2473 \times 20) - 54^2 = \dfrac{99584}{32} - 2916 = 196$

よって，全体の標準偏差は　　$\sqrt{196} = 14$ (点) 答

301 下の表は，あるクラス 32 人を A 班と B 班に分けて行ったテストの結果である。このクラス全体について，点数の平均値と標準偏差を求めよ。

	人数	平均値	標準偏差
A 班	20 人	40 点	7
B 班	12 人	56 点	9

302 下の表は，あるクラス 40 人を A 班と B 班に分けて行ったテストの結果である。次の問いに答えよ。

	人数	平均値	分散
A 班	16 人	65 点	175
B 班	24 人	70 点	100

(1) クラス全体について，点数の平均値と分散を求めよ。

(2) B 班全員の点数が 5 点ずつ上がったとする。このときのクラス全体の平均値と分散を求めよ。

303 大きさが 5 のデータ 3, 3, x, y, 5 の平均値が 4，分散が 3.2 であるとき，x, y の値を求めよ。ただし，$x \leqq y$ とする。

思考力 PLUS 変量の変換

▶國p.173

1 変量の変換

変量 x のデータから $u = ax + b$ によって得られる変量 u のデータについて

u の平均値　$\overline{u} = a\overline{x} + b$

u の分散　　$s_u^2 = a^2 s_x^2$

SPIRAL A

304 変量 x のデータの平均値が $\overline{x} = 8$，分散が $s_x^2 = 7$ であるとき，
$u = 4x + 1$ で定まる変量 u のデータの平均値 $\overline{u}$，分散 s_u^2 を求めよ。

▶國p.173例1

305 変量 x のデータの平均値が $\overline{x} = 5$，分散が $s_x^2 = 10$ であるとき，
$u = \dfrac{3x - 10}{5}$ で定まる変量 u のデータの平均値 $\overline{u}$，分散 s_u^2 を求めよ。

▶國p.173例1

SPIRAL B

306 あるクラスで 100 点満点のテストを行ったところ，得点 x の平均値は
$\overline{x} = 67$，標準偏差は $s_x = 20$ であった。このとき，

$$u = 10\left(\frac{x - \overline{x}}{s_x}\right) + 50$$

によって得られる変量 u について，次の問いに答えよ。　▶國p.185章末3

(1) 得点が 97 点であるとき，u の値を求めよ。

(2) u の平均値 $\overline{u}$，標準偏差 s_u を求めよ。

(3) 次の①～③のうち，正しいといえるものをすべて選べ。

① A，B 2 人の得点をそれぞれ x_A，x_B，対応する u の値をそれぞれ u_A，u_B とするとき，$x_A \leqq x_B$ ならばつねに $u_A \leqq u_B$ が成り立つ。

② $\overline{x}$ の値は $\overline{u}$ の値の 2 倍である。

③ s_x の値は s_u の値の 4 倍である。

(4) このテストで採点ミスがあり，全員に 3 点が加わった。このとき，得点 x の平均値 $\overline{x}$ および u の平均値 $\overline{u}$，x の標準偏差 s_x および u の標準偏差 s_u の値を求めよ。

2　データの相関

■ 相関と相関係数・散布図

▶數 p.174〜p.179

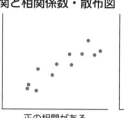
正の相関がある

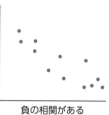
負の相関がある

相関はない

② 共分散と相関係数

変量 x, y の平均値をそれぞれ $\bar{x}$, $\bar{y}$, 標準偏差をそれぞれ s_x, s_y とするとき

共分散 $s_{xy} = \dfrac{1}{n}\{(x_1 - \bar{x})(y_1 - \bar{y}) + (x_2 - \bar{x})(y_2 - \bar{y}) + \cdots\cdots + (x_n - \bar{x})(y_n - \bar{y})\}$

相関係数 $r = \dfrac{s_{xy}}{s_x s_y}$

SPIRAL A

307 下の表は，8人の生徒に対し国語と数学の小テストを実施した結果である。
対応する散布図を下の⑦，⑦，⑦から選べ。

生徒	①	②	③	④	⑤	⑥	⑦	⑧	
国語	10	4	5	7	9	2	4	8	
数学	6	9	6	4	10	3	10	6	(点)

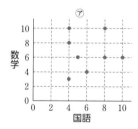

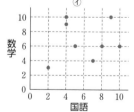

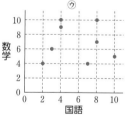

308 下の表は，あるコンビニにおける最高気温と使い捨てカイロの売上個数を
1週間記録したものである。この表から散布図をつくり，相関があるかど
うか調べよ。　　　　　　　　　　　　　　　　　　　▶敎p.175例4

	①	②	③	④	⑤	⑥	⑦
最高気温 (℃)	15	9	7	12	11	8	10
個数	5	15	20	19	10	23	20

309 下の表は，4人が2種類のゲーム x, y (ともに10点満点) を行って得た得
点である。この表から共分散 s_{xy} を計算せよ。　　　　　▶敎p.177例5

番号	①	②	③	④	
ゲーム x	4	7	3	6	
ゲーム y	4	8	6	10	(点)

310 下の表は，ある高校の生徒5人の数学 x と化学 y のテストの得点である。
この表から散布図をつくり，共分散 s_{xy} を計算せよ。　▶敎p.175例4, p.177例5

生徒	①	②	③	④	⑤	
数学 x	68	62	84	70	66	
化学 y	51	52	71	67	59	(点)

311 右の表は，ある高校の生徒5人に行った科目X
の得点 x と科目Yの得点 y のテストの得点であ
る。下の表を用いて，x と y の相関係数 r を求め
よ。　　　　　　　　　　　　　▶敎p.178例題1

生徒	x	y
①	4	7
②	7	9
③	5	8
④	8	10
⑤	6	6 (点)

生徒	x	y	$x-\bar{x}$	$y-\bar{y}$	$(x-\bar{x})^2$	$(y-\bar{y})^2$	$(x-\bar{x})(y-\bar{y})$
①	4	7					
②	7	9					
③	5	8					
④	8	10					
⑤	6	6					
計							
平均値							

第5章 データの分析

SPIRAL B

312 次の(1)～(3)のデータに対応する散布図と相関係数を，それぞれ⑦，⑦，⑦
と(a)，(b)，(c)，(d)，(e)から選んで記号で答えよ。

(1)

x	2	3	5	6	7	9	9	11	13	15
y	5	6	8	7	9	7	11	9	13	15

(2)

x	6	8	10	12	12	14	15	16	18	19
y	3	13	8	2	19	1	6	9	11	18

(3)

x	4	6	6	6	10	12	12	14	14	16
y	10	19	14	11	10	8	8	7	1	2

散布図

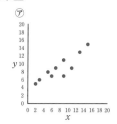 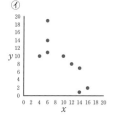 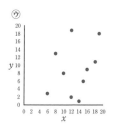

相関係数

(a) -0.8　　(b) -0.5　　(c) 0.3　　(d) 0.6　　(e) 0.9

313 右の図1は，ある高校の1年生20
人のボール投げ(m)と握力(kg)の
結果を散布図にまとめたものである。
ボール投げ，握力の結果の分布を表
す箱ひげ図を，それぞれ図2と図3
に示した。正しい箱ひげ図を，ボー
ル投げは⑦，⑦から，握力は⑦，⑦
から1つずつ選べ。

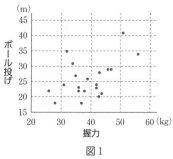

図1

ただし，測定値はボール投げ，握力ともに整数値とする。

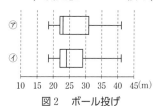

図2　ボール投げ

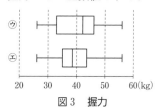

図3　握力

変量の変換と相関係数

例題 39

右の表は，ある高校の生徒 5 人が行った 2 回のボウリングの結果である。次の問いに答えよ。

生徒	①	②	③	④	⑤
1 回目 x	90	120	110	85	95
2 回目 y	100	120	130	105	95

(点)

(1) 1 回目の得点 x と 2 回目の得点 y の相関係数を求めよ。ただし，小数第 3 位を四捨五入せよ。

(2) 機械の故障で，すべての得点が 10 点低く記録されていたことがわかった。正しい得点での相関係数を求めよ。ただし，小数第 3 位を四捨五入せよ。

解

(1)

生徒	x	y	$x-\bar{x}$	$y-\bar{y}$	$(x-\bar{x})^2$	$(y-\bar{y})^2$	$(x-\bar{x})(y-\bar{y})$
①	90	100	-10	-10	100	100	100
②	120	120	20	10	400	100	200
③	110	130	10	20	100	400	200
④	85	105	-15	-5	225	25	75
⑤	95	95	-5	-15	25	225	75
計	500	550			850	850	650
平均値	100	110			170	170	130

上の表より，求める相関係数は

$$r = \frac{130}{\sqrt{170}\sqrt{170}}$$
$$= 0.764\cdots \fallingdotseq \boldsymbol{0.76} \quad \boxed{答}$$

(2) x，y のすべての値が 10 点高くなるので，$x-\bar{x}$，$y-\bar{y}$ の値は変わらない。
したがって，相関係数の値は(1)と同じで　**0.76** $\boxed{答}$

314 上の例題 39 で 2 回目の得点だけが 10 点低く記録されていた場合，正しい得点の相関係数を求めよ。ただし，小数第 3 位を四捨五入せよ。

315 右の表は，ある高校の生徒 5 人が行った 2 回のテストの得点である。次の問いに答えよ。

生徒	①	②	③	④	⑤
1 回目 x	56	64	53	72	55
2 回目 y	85	80	75	90	70

(点)

(1) 1 回目と 2 回目の得点の相関係数を求めよ。ただし，小数第 3 位を四捨五入せよ。

(2) 記録ミスで，2 回目のすべての得点が 5 点低く記録されていたことがわかった。正しい得点での相関係数を答えよ。ただし，小数第 3 位を四捨五入せよ。

第 5 章　データの分析

:·3 データの外れ値   :·4 仮説検定の考え方

▶教p.180〜p.183

1 外れ値

データの第1四分位数を Q_1, 第3四分位数を Q_3 とするとき,

$Q_1 - 1.5(Q_3 - Q_1)$ 以下

または $Q_3 + 1.5(Q_3 - Q_1)$ 以上

の値

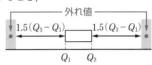

2 仮説検定の考え方

基準となる確率を5%とするとき, 実際に起こったことがらについて, ある仮説のもとで起こる確率が

(ⅰ) **5%以下であれば, 仮説が誤りと判断する。**

(ⅱ) **5%より大きければ, 仮説が誤りとはいえないと判断する。**

SPIRAL A

316 第1四分位数が22, 第3四分位数が30のデータについて, 次の①〜④のうち, 外れ値である値をすべて選べ。 ▶教p.181例6

① 8   ② 11   ③ 40   ④ 42

317 次の表は, 10人の高校生が行った懸垂の回数である。

生徒	①	②	③	④	⑤	⑥	⑦	⑧	⑨	⑩
回数	3	8	12	6	0	6	7	6	8	9 |(回)

(1) 第1四分位数 Q_1, 第3四分位数 Q_3 の値を求めよ。

(2) 外れ値である生徒の番号をすべて選べ。

318 実力が同じという評判の将棋部員A, Bが6回将棋をさしたところ, Aが6勝した。

　右の度数分布表は, 表裏の出方が同様に確からしいコイン1枚を6回投げる操作を, 1000セット行った結果である。

　これを用いて, 「A, Bの実力が同じ」という仮説が誤りかどうか, 基準となる確率を5%として仮説検定を行え。 ▶教p.183例7

表の枚数	セット数
6	13
5	91
4	238
3	314
2	231
1	96
0	17
計	1000

SPIRAL B

319 第1四分位数が10, 第3四分位数が k であるデータにおいて, 値25が外れ値であるという。このとき, k の値の範囲を求めよ。

解答

1 (1) 次数 3, 係数 2
(2) 次数 2, 係数 1
(3) 次数 4, 係数 -5
(4) 次数 3, 係数 $\dfrac{1}{3}$
(5) 次数 6, 係数 -4

2 (1) 次数 1, 係数 $3a^2$
(2) 次数 3, 係数 $2x$
(3) 次数 3, 係数 $5ax^2$
(4) 次数 3, 係数 $-\dfrac{1}{2}x^2$

3 (1) $8x-11$　(2) $2x^2+4x-5$
(3) $-6x^3+7x^2-x$　(4) x^3-3x

4 (1) 2次式, 定数項 1
(2) 3次式, 定数項 -3
(3) 1次式, 定数項 -3
(4) 3次式, 定数項 1

5 (1) $x^2+(2y-3)x+(y-5)$
x^2 の項の係数は 1, x の項の係数は
$2y-3$, 定数項は $y-5$
(2) $5x^2+(5y^2-3)x+(-y-3)$
x^2 の項の係数は 5, x の項の係数は
$5y^2-3$, 定数項は $-y-3$
(3) $-x^3+(y-3)x^2+(y+4)x+(-y^2+5)$
x^3 の項の係数は -1, x^2 の項の係数は $y-3$,
x の項の係数は $y+4$, 定数項は $-y^2+5$
(4) $x^3+(2y-1)x^2+(-3y+5)x+(-y^2+y-7)$
x^3 の項の係数は 1, x^2 の項の係数は $2y-1$,
x の項の係数は $-3y+5$,
定数項は $-y^2+y-7$

6 (1) $A+B=4x^2-3x-2$
$\qquad A-B=2x^2+x+4$
(2) $A+B=3x^3+x^2+3x-4$
$\qquad A-B=5x^3-5x^2-x-2$
(3) $A+B=-x^2+4$
$\qquad A-B=-3x^2+2x-2$

7 (1) $7x-5$
(2) $11x^2-12x+7$
(3) $-9x^2+13x-8$

8 (1) $3x^2-4x+2$　(2) $3x^2$

9 (1) $7x-9y-5z$　(2) $2x-2y+27z$

10 (1) a^7　(2) x^8
(3) a^{12}　(4) x^8
(5) a^6b^8　(6) $8a^6$

11 (1) $6x^7$　(2) $-3x^5y^2$
(3) $-32x^6$　(4) $-32x^5y^2$
(5) $-x^{11}y^{12}$　(6) $-108x^{17}y^8$

12 (1) $3x^2-2x$　(2) $4x^3-6x^2-8x$
(3) $-3x^3-3x^2+15x$　(4) $6x^4-3x^3+15x^2$

13 (1) $4x^3+8x^2-3x-6$
(2) $6x^3-4x^2-3x+2$
(3) $3x^3+15x^2-2x-10$
(4) $-2x^3+10x^2+x-5$

14 (1) $6x^3-17x^2+9x-10$
(2) $6x^3-13x^2+4x+3$
(3) $2x^3+7x^2-3x-3$
(4) $x^3+2x^2y-xy^2+6y^3$

15 (1) x^2+4x+4　(2) $x^2+10xy+25y^2$
(3) $16x^2-24x+9$　(4) $9x^2-12xy+4y^2$
(5) $4x^2-9$　(6) $9x^2-16$
(7) $16x^2-9y^2$　(8) x^2-9y^2

16 (1) x^2+5x+6　(2) $x^2-2x-15$
(3) x^2-x-6　(4) x^2-6x+5
(5) x^2+3x-4　(6) $x^2+7xy+12y^2$
(7) $x^2-6xy+8y^2$　(8) $x^2+5xy-50y^2$
(9) $x^2-10xy+21y^2$

17 (1) $3x^2+7x+2$　(2) $10x^2-x-3$
(3) $15x^2+7x-2$　(4) $12x^2-17x+6$
(5) $12x^2-19x-21$　(6) $-6x^2+7x-2$

18 (1) $12x^2-5xy-2y^2$
(2) $14x^2-27xy+9y^2$
(3) $10x^2-9xy+2y^2$
(4) $-3x^2+11xy-10y^2$

19 (1) $a^2+4b^2+4ab+2a+4b+1$

(2) $9a^2+4b^2-12ab+6a-4b+1$

(3) $a^2+b^2+c^2-2ab+2bc-2ca$

(4) $4x^2+y^2+9z^2-4xy-6yz+12zx$

20 (1) $-\dfrac{1}{2}x^8y^9$　　(2) $-\dfrac{8}{9}x^{15}y^{13}$

21 (1) $6x^2-ax-2a^2$

(2) $6a^2b^2-ab-1$

(3) $2ax-3bx+2ay-3by-2a+3b$

(4) $a^2x+3abx+2b^2x-a^2y-3aby-2b^2y$

22 (1) $8a$　　　　(2) $8x^2+18y^2$

(3) $5y^2$

23 (1) $x^2+4xy+4y^2-9$

(2) $9x^2+6xy+y^2-25$

(3) $x^4-2x^3-x^2+2x-8$

(4) $x^4+4x^3+8x^2+8x+3$

(5) x^2-y^2+6y-9

(6) $9x^4+2x^2+1$

24 (1) x^4-81　　(2) x^4-16y^4

(3) a^4-b^4　　(4) $16x^4-81y^4$

25 (1) $a^4-8a^2b^2+16b^4$

(2) $81x^4-72x^2y^2+16y^4$

(3) $16x^4-8x^2y^2+y^4$

(4) $625x^4-450x^2y^2+81y^4$

26 (1) 5　　　　(2) 8

27 (1) $x^4-6x^3+7x^2+6x-8$

(2) $x^4+6x^3+x^2-24x-20$

28 (1) $x(x+3)$　　(2) $x(x+1)$

(3) $x(2x-1)$　　(4) $xy(4y-1)$

(5) $3ab(b-2a)$　　(6) $4x^2y(3y^2　5xz)$

29 (1) $ab(x^2-x+2)$

(2) $xy(2x+y-3)$

(3) $4ab(3b-8a+2c)$

(4) $3x(x+2y-3)$

30 (1) $(a+2)(x+y)$

(2) $(x-2)(a-3)$

(3) $(3a-2b)(x-y)$

(4) $(3x-1)(2a-b)$

31 (1) $(3a-2)(x-y)$

(2) $(x+y)(3a-2b)$

(3) $(a+b)(x-2y)$

(4) $(2a+b)(x-1)$

32 (1) $(x+1)^2$

(2) $(x-6)^2$

(3) $(x-3)^2$　　参考　$(3-x)^2$ でもよい。

(4) $(x+2y)^2$

(5) $(2x+y)^2$

(6) $(3x-5y)^2$

33 (1) $(x+9)(x-9)$

(2) $(3x+4)(3x-4)$

(3) $(6x+5y)(6x-5y)$

(4) $(7x+2y)(7x-2y)$

(5) $(8x+9y)(8x-9y)$

(6) $(10x+3y)(10x-3y)$

34 (1) $(x+1)(x+4)$

(2) $(x+3)(x+4)$

(3) $(x-2)(x-4)$

(4) $(x-5)(x+2)$

(5) $(x-2)(x+6)$

(6) $(x-3)(x-5)$

(7) $(x-9)(x+6)$

(8) $(x-2)(x+9)$

(9) $(x-6)(x+5)$

35 (1) $(x+2y)(x+4y)$

(2) $(x+y)(x+6y)$

(3) $(x-6y)(x+4y)$

(4) $(x-4y)(x+7y)$

(5) $(x-3y)(x-4y)$

(6) $(a-5b)(a+4b)$

(7) $(a-6b)(a+7b)$

(8) $(a-4b)(a-9b)$

36 (1) $(x+1)(3x+1)$

(2) $(x+3)(2x+1)$

(3) $(x-2)(2x-1)$

(4) $(x-3)(3x+1)$

(5) $(x+5)(3x+1)$
(6) $(x-1)(5x-3)$
(7) $(2x+1)(3x-1)$
(8) $(x+2)(5x-3)$
(9) $(2x+3)(3x+4)$
(10) $(2x-3)(3x+5)$
(11) $(2x+3)(2x-5)$
(12) $(2x-7)(3x+5)$

37 (1) $(x+y)(5x+y)$
(2) $(x-2y)(7x+y)$
(3) $(x-2y)(2x-3y)$
(4) $(2x-3y)(3x+2y)$

38 (1) $(x-y+5)(x-y-3)$
(2) $(x+2y+2)(x+2y-5)$
(3) $(2x-y+2)^2$
(4) $(x-6)(2x-7)$
(5) $(x+2y)(x+2y+2)$
(6) $(x-y)(2x-2y-1)$

39 (1) $(x+1)(x-1)(x+2)(x-2)$
(2) $(x+1)(x-1)(x+3)(x-3)$
(3) $(x^2+4)(x+2)(x-2)$
(4) $(x^2+9)(x+3)(x-3)$

40 (1) $(x+2)(x-1)(x^2+x-1)$
(2) $(x+1)(x-3)(x^2-2x+2)$
(3) $(x+2)(x+3)(x+6)(x-1)$
(4) $(x+2)(x-1)(x^2+x-4)$

41 (1) $(b+2)(a+b)$
(2) $(a-3)(a+b)$
(3) $(a+c)(a-b+c)$
(4) $(a+1)(a-1)(a-b)$
(5) $(a-b)(a+2b-2c)$

42 (1) $b(x+2ay)(x-2ay)$
(2) $2a(x-1)^2$
(3) $2a^2x(x+5)(x-2)$
(4) $\dfrac{1}{4}x^2(2x+1)^2$

43 (1) $(x+y)(x-y)(a+b)(a-b)$
(2) $(x+1)(a+1)(a-1)$

44 (1) $(x+y-3)(x+y+4)$
(2) $(x+2y-5)(x-y+3)$
(3) $(x+y+2)(x+2y-1)$
(4) $(x-2y+1)(2x+y-1)$
(5) $(x+2y+3)(2x+y-1)$
(6) $(2x-y-4)(3x-2y+3)$

45 (1) $(x+y-2)(x-y-2)$
(2) $(x+4y+3)(x-4y+3)$
(3) $(2x+y+4)(2x-y-4)$
(4) $(3x+y-2)(3x-y+2)$

46 $-(x-y)(y-z)(z-x)$

47 (1) $(x^2+2x+3)(x^2-2x+3)$
(2) $(x^2+x-1)(x^2-x-1)$
(3) $(x^2+2x-2)(x^2-2x-2)$
(4) $(x^2+4x+8)(x^2-4x+8)$

48 (1) $x(x+5)(x^2+5x+10)$
(2) $(x^2-8x+6)(x-4)^2$

49 (1) $x^3+9x^2+27x+27$
(2) $a^3-6a^2+12a-8$
(3) $27x^3+27x^2+9x+1$
(4) $8x^3-12x^2+6x-1$
(5) $8x^3+36x^2y+54xy^2+27y^3$
(6) $-a^3+6a^2b-12ab^2+8b^3$

50 (1) x^3+27 (2) x^3-1
(3) $27x^3-8$ (4) x^3+64y^3

51 (1) $(x+2)(x^2-2x+4)$
(2) $(3x-1)(9x^2+3x+1)$
(3) $(3x+2y)(9x^2-6xy+4y^2)$
(4) $(4x-3y)(16x^2+12xy+9y^2)$
(5) $(x-yz)(x^2+xyz+y^2z^2)$
(6) $(a-b-c)(a^2+b^2+c^2-2ab-bc+ca)$

52 (1) $xy(x-y)(x^2+xy+y^2)$
(2) $(x+y)(x-y)(x^2-xy+y^2)(x^2+xy+y^2)$

53 (1) 1.75 (2) 1.4
(3) $1.666666\cdots\cdots$ (4) $0.083333\cdots\cdots$

54 (1) $0.\dot{4}$ (2) $3.\dot{3}$

(3) $0.\dot{3}\dot{9}$ (4) $4.\dot{7}1428\dot{5}$

55

56 (1) 3 (2) 6

(3) 3.1 (4) $\dfrac{1}{2}$

(5) $\dfrac{3}{5}$ (6) $\sqrt{7}-\sqrt{6}$

(7) $\sqrt{5}-\sqrt{2}$ (8) $3-\sqrt{3}$

(9) $\sqrt{10}-3$

57 ①自然数は 5

②整数は -3, 0, 5

③有理数は -3, 0, $\dfrac{22}{3}$, $-\dfrac{1}{4}$, 5, $0.\dot{5}$

④無理数は $\sqrt{3}$, π

58 (1) 正しくない (2) 正しい

59 (1) $\dfrac{1}{3}$ (2) $\dfrac{4}{33}$

(3) $\dfrac{25}{22}$ (4) $\dfrac{37}{30}$

60 (1) -1 (2) 0

(3) -1 (4) -2

61 (1) $\pm\sqrt{7}$ (2) 6

(3) $\pm\dfrac{1}{3}$ (4) $\dfrac{1}{2}$

62 (1) 7 (2) 3

(3) $\dfrac{2}{3}$ (4) $\dfrac{5}{8}$

63 (1) $\sqrt{15}$ (2) $\sqrt{42}$

(3) $\sqrt{30}$ (4) $\sqrt{2}$

(5) $\sqrt{5}$ (6) 2

64 (1) $2\sqrt{2}$ (2) $2\sqrt{6}$

(3) $2\sqrt{7}$ (4) $4\sqrt{2}$

(5) $3\sqrt{7}$ (6) $7\sqrt{2}$

65 (1) $3\sqrt{5}$ (2) $2\sqrt{3}$

(3) $6\sqrt{2}$ (4) 10

66 (1) $2\sqrt{3}$ (2) $4\sqrt{2}$

(3) $-\sqrt{2}$ (4) $\sqrt{3}$

(5) $4\sqrt{2}-\sqrt{3}$ (6) $2\sqrt{2}+\sqrt{5}$

67 (1) $5\sqrt{6}$ (2) $2+\sqrt{10}$

(3) $7+4\sqrt{3}$ (4) $10+2\sqrt{21}$

(5) $3-2\sqrt{2}$ (6) $20-8\sqrt{6}$

(7) 5

68 (1) $\dfrac{\sqrt{10}}{5}$ (2) $4\sqrt{2}$

(3) $3\sqrt{3}$ (4) $\dfrac{\sqrt{3}}{2}$

(5) $\dfrac{\sqrt{15}}{9}$

69 (1) $\dfrac{\sqrt{5}+\sqrt{3}}{2}$ (2) $\sqrt{7}-\sqrt{3}$

(3) $\sqrt{3}-1$ (4) $-2\sqrt{2}-\sqrt{10}$

(5) $10-5\sqrt{3}$ (6) $10-3\sqrt{11}$

(7) $8-3\sqrt{7}$ (8) $-\dfrac{7+2\sqrt{10}}{3}$

70 (1) 4 (2) 0 (3) 2

71 (1) $-2\sqrt{2}+\sqrt{3}$

(2) $\sqrt{2}+13\sqrt{3}$

(3) $2+7\sqrt{10}$

(4) $59-24\sqrt{6}$

72 (1) $\dfrac{\sqrt{3}}{18}$ (2) $\dfrac{3}{2}$

(3) $1-2\sqrt{6}$ (4) 3

73 (1) 0 (2) $\sqrt{3}+\sqrt{5}$

74 (1) 4 (2) 1

(3) 14 (4) 52

(5) 14

75 (1) $\sqrt{3}-1$ (2) 3 (3) 4

76 $a=5$, $b=\sqrt{7}-2$

77 (1) $2+\sqrt{3}$　　(2) $\sqrt{7}-\sqrt{2}$
(3) $\sqrt{6}+\sqrt{2}$　　(4) $\sqrt{3}-\sqrt{2}$
(5) $3-\sqrt{6}$　　(6) $2\sqrt{2}+\sqrt{3}$

78 (1) $\dfrac{\sqrt{10}+\sqrt{2}}{2}$　　(2) $\dfrac{\sqrt{14}-\sqrt{2}}{2}$
(3) $\dfrac{3\sqrt{2}+\sqrt{6}}{2}$　　(4) $\dfrac{5\sqrt{2}-\sqrt{6}}{2}$

79 (1) $\dfrac{2\sqrt{3}+3\sqrt{2}-\sqrt{30}}{12}$
(2) $\dfrac{2\sqrt{5}+5\sqrt{2}-\sqrt{70}}{20}$

80 (1) $x<-2$　　(2) $x<3$
(3) $x\leqq4$　　(4) $x>3$
(5) $x\geqq10$　　(6) $-3\leqq x\leqq3$
(7) $0<x<3$

81 (1) $2x-3>6$　　(2) $\dfrac{x}{3}+2\leqq5x$
(3) $-5\leqq-5x-4<3$　　(4) $60x+150\times3<1800$

82 (1) $a+3<b+3$　　(2) $a-5<b-5$
(3) $4a<4b$　　(4) $-5a>-5b$
(5) $\dfrac{a}{5}<\dfrac{b}{5}$　　(6) $-\dfrac{a}{5}>-\dfrac{b}{5}$
(7) $2a-1<2b-1$　　(8) $1-3a>1-3b$

83 (1)

(2)
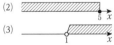
(3)

(4)

84 (1) $x>3$　　(2) $x<7$
(3) $x\leqq-2$　　(4) $x\geqq6$
(5) $x>-5$　　(6) $x\leqq0$

85 (1) $x>2$　　(2) $x<5$
(3) $x\leqq\dfrac{7}{4}$　　(4) $x\geqq-\dfrac{1}{2}$
(5) $x\geqq-1$　　(6) $x\leqq\dfrac{3}{2}$

86 (1) $x>2$　　(2) $x\leqq-1$
(3) $x>-2$　　(4) $x\leqq3$
(5) $x\geqq\dfrac{7}{2}$　　(6) $x>1$
(7) $x\geqq\dfrac{15}{4}$　　(8) $x>\dfrac{3}{2}$

87 (1) $x<\dfrac{6}{5}$　　(2) $x\leqq\dfrac{1}{9}$
(3) $x>\dfrac{10}{7}$　　(4) $x>\dfrac{19}{7}$
(5) $x>\dfrac{14}{3}$　　(6) $x\leqq5$

88 (1) $x\leqq-2$　　(2) $x\geqq\dfrac{26}{3}$
(3) $x<\dfrac{3}{7}$　　(4) $x<-\dfrac{13}{4}$
(5) $x>\dfrac{5}{2}$　　(6) $x\geqq\dfrac{27}{28}$
(7) $x<-\dfrac{7}{2}$　　(8) $x\leqq-1$

89 (1) 1　　(2) 4個

90 (1) $1<x<6$　　(2) $-4<x<3$
(3) $\dfrac{1}{2}\leqq x\leqq7$　　(4) $-4<x<-2$

91 (1) $x<-2$　　(2) $x\geqq-2$
(3) $x\geqq6$　　(4) $-5\leqq x<\dfrac{6}{5}$

92 (1) $-1\leqq x\leqq2$　　(2) $-1<x<2$
(3) $x\geqq1$　　(4) $-1<x\leqq6$

93 (1) $-7\leqq x\leqq-2$
(2) $x<3$

94 (1) 130円のりんごを11個，90円のりん
ごを4個
(2) 5冊まで

95 (1) $x=-2,\ -1,\ 0$
(2) $x=-1,\ 0,\ 1$
(3) $x=-4,\ -3$

96 $\dfrac{17}{3} \leqq x < 7$

97 600 g 以上

98 (1) $x = \pm 5$ (2) $x = \pm 7$
(3) $-6 < x < 6$ (4) $x < -2,\ 2 < x$

99 (1) $x = 7,\ -1$ (2) $x = -3,\ -9$
(3) $x = 5,\ -1$ (4) $x = -2,\ 6$
(5) $-7 \leqq x \leqq 1$ (6) $x < -4,\ 6 < x$

100 (1) $x = 1$ (2) $x = 3$

101 (1) $3 \in A$ (2) $6 \notin A$ (3) $11 \notin A$

102 (1) $A = \{1,\ 2,\ 3,\ 4,\ 6,\ 12\}$
(2) $B = \{-2,\ -1,\ 0,\ 1,\ \cdots\cdots\}$

103 (1) $A \subset B$ (2) $A = B$
(3) $A \supset B$

104 (1) $\varnothing,\ \{3\},\ \{5\},\ \{3,\ 5\}$
(2) $\varnothing,\ \{2\},\ \{4\},\ \{6\},\ \{2,\ 4\},\ \{2,\ 6\},\ \{4,\ 6\},$
$\{2,\ 4,\ 6\}$
(3) $\varnothing,\ \{a\},\ \{b\},\ \{c\},\ \{d\},\ \{a,\ b\},\ \{a,\ c\},$
$\{a,\ d\},\ \{b,\ c\},\ \{b,\ d\},\ \{c,\ d\},\ \{a,\ b,\ c\},$
$\{a,\ b,\ d\},\ \{a,\ c,\ d\},\ \{b,\ c,\ d\},$
$\{a,\ b,\ c,\ d\}$

105 (1) $\{3,\ 5,\ 7\}$ (2) $\{1,\ 2,\ 3,\ 5,\ 7\}$
(3) $\{2,\ 3,\ 4,\ 5,\ 7\}$ (4) $\varnothing$

106 (1) $A \cap B = \{x \mid -1 < x < 4,\ x$ は実数$\}$
(2) $A \cup B = \{x \mid -3 < x < 6,\ x$ は実数$\}$

107 (1) $\{7,\ 8,\ 9,\ 10\}$
(2) $\{1,\ 2,\ 3,\ 4,\ 9,\ 10\}$

108 (1) $\{2,\ 4,\ 5,\ 6,\ 7,\ 8,\ 9,\ 10\}$
(2) $\{4,\ 8,\ 10\}$
(3) $\{1,\ 2,\ 3,\ 4,\ 6,\ 8,\ 10\}$
(4) $\{5,\ 7,\ 9\}$

109 (1) $A = \{2,\ 4,\ 6,\ 8,\ 10,\ 12,\ 14,\ 16,\ 18\}$
(2) $A = \{0,\ 1,\ 4\}$

110 (1) $A \cap B = \{4,\ 8\}$
$A \cup B = \{2,\ 4,\ 6,\ 8\}$
(2) $A \cap B = \varnothing$
$A \cup B = \{2,\ 3,\ 5,\ 6,\ 8,\ 9,\ 11,\ 12,\ 14,\ 15,$
$17,\ 18\}$

111 (1) $\{10,\ 11,\ 13,\ 14,\ 16,\ 17,\ 19,\ 20\}$
(2) $\{15\}$
(3) $\{10,\ 20\}$
(4) $\{10,\ 11,\ 12,\ 13,\ 14,\ 16,\ 17,\ 18,\ 19,\ 20\}$

112 $a = 3$

113 $a = 5$

114 $A = \{2,\ 3,\ 4,\ 7\}$
$B = \{3,\ 4,\ 7,\ 9\}$

115 (1) 真の命題 (2) 偽の命題
(3) 命題といえない (4) 真の命題

116 (1) 真
(2) 真
(3) 偽 反例 $x = 0$

117 (1) 偽 反例 $n = 3$
(2) 真
(3) 偽 反例 $n = 1$

118 (1) 十分条件 (2) 必要条件
(3) 必要十分条件 (4) 十分条件

119 (1) $x \neq 5$ (2) $x = -1$
(3) $x < 0$ (4) $x \geqq -2$

120 (1) 「$x \geqq 4$ または $y > 2$」
(2) 「$x \leqq -3$ または $2 \leqq x$」
(3) 「$2 < x \leqq 5$」
(4) 「$x \geqq -2$」

121 (1) 必要十分条件
(2) 必要条件

122 (1) 必要十分条件 (2) 必要十分条件
(3) 十分条件 (4) 必要条件
(5) 必要条件

123 (1) **偽**

逆：「$x=4 \Longrightarrow x^2=16$」…真

裏：「$x^2 \neq 16 \Longrightarrow x \neq 4$」…真

対偶：「$x \neq 4 \Longrightarrow x^2 \neq 16$」…偽

(2) **偽**

逆：「$x<5 \Longrightarrow x>-1$」…偽

裏：「$x \leqq -1 \Longrightarrow x \geqq 5$」…偽

対偶：「$x \geqq 5 \Longrightarrow x \leqq -1$」…偽

124 (1) 与えられた命題の対偶「n が 3 の倍数でないならば n^2 は 3 の倍数でない」を証明する。

n が 3 の倍数でないとき，ある整数 k を用いて

　　$n=3k+1$　または　$n=3k+2$

と表される。

(i) $n=3k+1$ のとき

　　$n^2=(3k+1)^2=9k^2+6k+1$

　　　　$=3(3k^2+2k)+1$

(ii) $n=3k+2$ のとき

　　$n^2=(3k+2)^2=9k^2+12k+4$

　　　　$=3(3k^2+4k+1)+1$

(i), (ii)において，$3k^2+2k$, $3k^2+4k+1$ は整数であるから，いずれの場合も n^2 は 3 の倍数でない。

　　よって，対偶が真であるから，もとの命題も真である。

(2) 与えられた命題の対偶「m も n も奇数ならば，$m+n$ は偶数である」を証明する。

m も n も奇数のとき，ある整数 k, l を用いて

　　$m=2k+1$, $n=2l+1$

と表される。ゆえに

　　$m+n=(2k+1)+(2l+1)$

　　　　$=2k+2l+2=2(k+l+1)$

ここで，$k+l+1$ は整数であるから，$m+n$ は偶数である。

　　よって，対偶が真であるから，もとの命題も真である。

125 $3+2\sqrt{2}$ が無理数でない，すなわち
　　$3+2\sqrt{2}$ は有理数である

と仮定する。

そこで，r を有理数として

　　$3+2\sqrt{2}=r$

とおくと

　　$\sqrt{2}=\dfrac{r-3}{2}$　……①

r は有理数であるから，$\dfrac{r-3}{2}$ は有理数であり，

等式①は，$\sqrt{2}$ が無理数であることに矛盾する。

よって，$3+2\sqrt{2}$ は無理数である。

126 **真**

逆：「$x>1$ または $y>1 \Longrightarrow x+y>2$」…偽

（反例 $x=3$, $y=-2$）

裏：「$x+y \leqq 2 \Longrightarrow x \leqq 1$ かつ $y \leqq 1$」…偽

（反例 $x=3$, $y=-1$）

対偶：「$x \leqq 1$ かつ $y \leqq 1 \Longrightarrow x+y \leqq 2$」…真

127 与えられた命題の対偶をとると

「m, n がともに奇数ならば，mn は奇数である」

であるから，これを証明すればよい。

m, n が奇数であるとき，ある整数 k, l を用いて

　　$m=2k+1$, $n=2l+1$ （k, l は整数）

と表される。

　　ゆえに

　　$mn=(2k+1)(2l+1)$

　　　　$=4kl+2k+2l+1$

　　　　$=2(2kl+k+l)+1$

ここで，$2kl+k+l$ は整数であるから，mn は奇数である。

　　よって，対偶が真であるから，与えられた命題も真である。

128 $\sqrt{3}$ が無理数でない，すなわち $\sqrt{3}$ が有理数であると仮定すると，$\sqrt{3}$ は 1 以外に公約数をもたない 2 つの自然数 m, n を用いて，次のように表される。

$$\sqrt{3}=\frac{m}{n} \qquad\qquad ……①$$

①より　　$\sqrt{3}\,n=m$

両辺を 2 乗すると　　$3n^2=m^2$　……②

②より，m^2 は 3 の倍数であるから，m も 3 の倍数である。

よって，m は，ある自然数 k を用いて $m=3k$ と表され，これを②に代入すると

　　$3n^2=(3k)^2=9k^2$　すなわち　$n^2=3k^2$ ……③

③より，n^2 が 3 の倍数であるから，n も 3 の倍数である。

　　以上のことから，m, n はともに 3 の倍数となり，m, n が 1 以外の公約数をもたないことに矛盾する。

　　したがって，$\sqrt{3}$ は有理数でない。

すなわち, $\sqrt{3}$ は無理数である。

129 (1) $b \neq 0$ と仮定する。

$a + \sqrt{2} b = 0$ より $\sqrt{2} = -\dfrac{a}{b}$

a, b は有理数なので $-\dfrac{a}{b}$ も有理数となり,

$\sqrt{2}$ が無理数であることに矛盾する。

よって $b = 0$

これを $a + \sqrt{2} b = 0$ に代入すると

$a = 0$

したがって

$a + \sqrt{2} b = 0 \implies a = b = 0$

(2) $p = 3$, $q = -1$

130 (1) $y = 3x$ (2) $y = 50x + 500$

131 (1) 6 (2) 21

(3) 3 (4) $2a^2 - 5a + 3$

(5) $8a^2 + 10a + 3$ (6) $2a^2 - a$

132

(1) 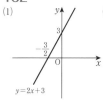 (2)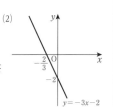

(3)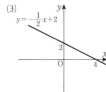

133 (1)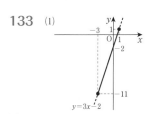

(2) $-11 \leqq y \leqq 1$

(3) $x = 1$ のとき **最大値 1**

$x = -3$ のとき **最小値 -11**

134 (1) 値域は $-9 \leqq y \leqq 1$

$x = 3$ のとき **最大値 1**

$x = -2$ のとき **最小値 -9**

(2) 値域は $-2 \leqq y \leqq 0$

$x = -3$ のとき **最大値 0**

$x = -5$ のとき **最小値 -2**

(3) 値域は $-1 \leqq y \leqq 2$

$x = 2$ のとき **最大値 2**

$x = 5$ のとき **最小値 -1**

(4) 値域は $-4 \leqq y \leqq 11$

$x = -4$ のとき **最大値 11**

$x = 1$ のとき **最小値 -4**

135 (1) $a = 2$, $b = 1$

(2) $a = -2$, $b = -4$

136 (1) $y \geqq -11$ (2) $y \leqq -8$

137 (1) $a = 2$, $b = 1$

(2) $a = -\dfrac{1}{2}$, $b = \dfrac{3}{2}$

138

(1) 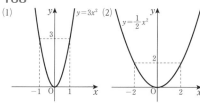 (2)

(3)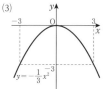

139

(1)

軸は **y軸**
頂点は　点 $(0,\ 5)$

(2)

軸は **y軸**
頂点は　点 $(0,\ -5)$

(3)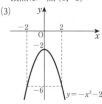

軸は **y軸**
頂点は　点 $(0,\ -2)$

(4)

軸は **y軸**
頂点は　点 $(0,\ 1)$

140

(1)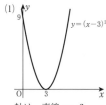

軸は　直線 $x=3$
頂点は　点 $(3,\ 0)$

(2)

軸は　直線 $x=-2$
頂点は　点 $(-2,\ 0)$

(3)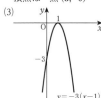

軸は　直線 $x=1$
頂点は　点 $(1,\ 0)$

(4)

軸は　直線 $x=-4$
頂点は　点 $(-4,\ 0)$

141

(1)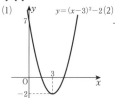

軸は　直線 $x=3$
頂点は　点 $(3,\ -2)$

(2)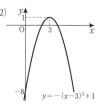

軸は　直線 $x=3$
頂点は　点 $(3,\ 1)$

(3)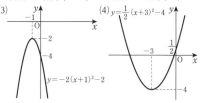

軸は　直線 $x=-1$
頂点は　点 $(-1,\ -2)$

(4)

軸は　直線 $x=-3$
頂点は　点 $(-3,\ -4)$

142

(1) $y=(x-1)^2-1$
(2) $y=(x+2)^2-4$
(3) $y=(x-4)^2-7$
(4) $y=(x+3)^2-11$
(5) $y=(x+5)^2-30$
(6) $y=(x-2)^2$

143

(1) $y=\left(x-\dfrac{1}{2}\right)^2-\dfrac{1}{4}$

(2) $y=\left(x+\dfrac{5}{2}\right)^2-\dfrac{5}{4}$

(3) $y=\left(x-\dfrac{3}{2}\right)^2-\dfrac{17}{4}$

(4) $y=\left(x+\dfrac{1}{2}\right)^2-1$

144

(1) $y=2(x+3)^2-18$
(2) $y=3(x-1)^2-3$
(3) $y=3(x-2)^2-16$
(4) $y=2(x+1)^2+3$
(5) $y=4(x-1)^2-3$
(6) $y=2(x-2)^2$

145

(1) $y=-(x+2)^2$
(2) $y=-2(x-1)^2+5$
(3) $y=-3(x-2)^2+10$
(4) $y=-4(x+1)^2+1$

146 (1) 軸は　直線 $x=-3$
　　　　頂点は　点 $(-3,\ -2)$

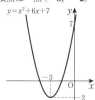

(2) 軸は　直線 $x=1$
　　頂点は　点 $(1,\ -4)$

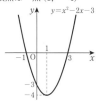

(3) 軸は　直線 $x=-2$
　　頂点は　点 $(-2,\ -5)$

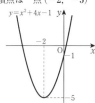

(4) 軸は　直線 $x=4$
　　頂点は　点 $(4,\ -3)$

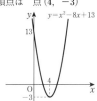

147 (1) 軸は　直線 $x=2$
　　　　頂点は　点 $(2,\ -5)$

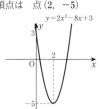

(2) 軸は　直線 $x=-1$
　　頂点は　点 $(-1,\ 2)$

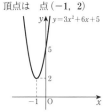

(3) 軸は　直線 $x=-1$
　　頂点は　点 $(-1,\ 7)$

(4) 軸は　直線 $x=2$
　　頂点は　点 $(2,\ 4)$

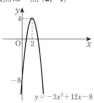

148 (1) 軸は　直線 $x=\dfrac{1}{2}$

頂点は　点 $\left(\dfrac{1}{2},\ \dfrac{5}{2}\right)$

(2) 軸は　直線 $x=-\dfrac{3}{2}$

頂点は　点 $\left(-\dfrac{3}{2},\ -\dfrac{11}{2}\right)$

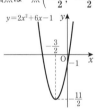

(3) 軸は　直線 $x=-\dfrac{1}{2}$

頂点は　点 $\left(-\dfrac{1}{2},\ -\dfrac{1}{4}\right)$

(4) 軸は　直線 $x=\dfrac{3}{2}$

頂点は　点 $\left(\dfrac{3}{2},\ \dfrac{1}{4}\right)$

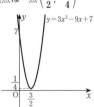

149 (1) 軸は　直線 $x=-2$
頂点は　点 $(-2,\ -16)$

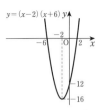

(2) 軸は　直線 $x=-\dfrac{1}{2}$

頂点は　点 $\left(-\dfrac{1}{2},\ -\dfrac{25}{4}\right)$

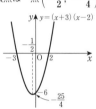

150 (1) 軸は　直線 $x=-1$

頂点は　点 $\left(-1,\ -\dfrac{7}{2}\right)$

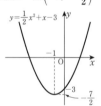

(2) 軸は　直線 $x=-3$
頂点は　点 $(-3,\ -2)$

(3) 軸は　直線 $x=1$
頂点は　点 $(1,\ 1)$

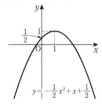

(4) 軸は　直線 $x=-3$
　　頂点は　点 $(-3,\ 1)$

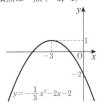

$y=-\dfrac{1}{3}x^2-2x-2$

151　x 軸方向に -5，y 軸方向に -1

152　x 軸方向に 3

153　(1) $a=2$, $b=-3$
(2) $a=2$, $b=1$

154　(1) x 軸：$(3,\ -4)$　y 軸：$(-3,\ 4)$
　　　　　原点：$(-3,\ -4)$
(2) x 軸：$(-2,\ -5)$　y 軸：$(2,\ 5)$　原点：$(2,\ -5)$
(3) x 軸：$(-4,\ 2)$　y 軸：$(4,\ -2)$　原点：$(4,\ 2)$
(4) x 軸：$(5,\ 3)$　y 軸：$(-5,\ -3)$　原点：$(-5,\ 3)$

155　(1) $y=x^2-x-3$
(2) $y=2x^2+5x+2$

156　(1) 　x 軸：$y=-x^2-2x+3$
　　　　　　y 軸：$y=x^2-2x-3$
　　　　　　原点：$y=-x^2+2x+3$
(2) 　x 軸：$y=2x^2+x-5$
　　　　y 軸：$y=-2x^2+x+5$
　　　　原点：$y=2x^2-x-5$

157　(1) $x=-2$ のとき　最小値 -5
　　　　最大値はない。
(2) $x=3$ のとき　最大値 5　最小値はない。
(3) $x=-4$ のとき　最大値 -2　最小値はない。
(4) $x=1$ のとき　最小値 -4　最大値はない。

158　(1) $x=2$ のとき　最小値 -3
　　　　最大値はない。
(2) $x=-3$ のとき　最小値 -11
　　　　最大値はない。
(3) $x=-4$ のとき　最大値 20　最小値はない。
(4) $x=1$ のとき　最大値 -2　最小値はない。

159　(1) $x=2$ のとき　最大値 8
　　　　$x=1$ のとき　最小値 2
(2) $x=-4$ のとき　最大値 16
　　　　$x=0$ のとき　最小値 0
(3) $x=-3$ のとき　最大値 27
　　　　$x=-1$ のとき　最小値 3
(4) $x=-1$ のとき　最大値 -1
　　　　$x=-3$ のとき　最小値 -9
(5) $x=1$ のとき　最大値 -2
　　　　$x=4$ のとき　最小値 -32
(6) $x=0$ のとき　最大値 0
　　　　$x=-2$ のとき　最小値 -12

160
(1) $x=3$ のとき　最大値 12
　　　$x=1$ のとき　最小値 0
(2) $x=1$ のとき　最大値 4
　　　$x=-2$ のとき　最小値 -11
(3) $x=-1$ のとき　最大値 4
　　　$x=2$ のとき　最小値 -5
(4) $x=0$ のとき　最大値 7
　　　$x=2$ のとき　最小値 -1
(5) $x=-2$ のとき　最大値 1
　　　$x=2$ のとき　最小値 -15
(6) $x=1$ のとき　最大値 1
　　　$x=-1$, 3 のとき　最小値 -7

161　(1) $x=-\dfrac{5}{2}$ のとき　最小値 $-\dfrac{37}{4}$
　　　　最大値はない。
(2) $x=\dfrac{3}{2}$ のとき　最小値 $-\dfrac{3}{2}$
　　　　最大値はない。
(3) $x=-\dfrac{1}{2}$ のとき　最大値 $\dfrac{9}{4}$
　　　　最小値はない。
(4) $x=3$ のとき　最小値 $-\dfrac{5}{2}$
　　　　最大値はない。

162　(1) $x=4$ のとき　最大値 5
　　　　$x=1$ のとき　最小値 -4
(2) $x=1$ のとき　最大値 15
　　　　最小値はない。
(3) $x=-1$ のとき　最大値 -11
　　　　最小値はない。

第 3 章

解答

(4) $x=-1$ のとき　最大値 $-\dfrac{3}{2}$

　　$x=2$ のとき　最小値 -6

163　1辺が 9 m の正方形

164　5000

165　150 円

166　$c=-3$

167　$c=-10$

168　(1)　$1<a<3$
　　$x=1$ のとき　最大値 -8
　　$x=a$ のとき　最小値 a^2-6a-3
(2)　$3\leqq a<5$
　　$x=1$ のとき　最大値 -8
　　$x=3$ のとき　最小値 -12
(3)　$a\geqq5$
　　$x=a$ のとき　最大値 a^2-6a-3
　　$x=3$ のとき　最小値 -12

169　$0<a<3$ のとき
$x=a$ で　最小値 a^2-6a+4
$a\geqq3$ のとき $x=3$ で　最小値 -5

170　$0<a<2$ のとき
$x=a$ で　最大値 $-a^2+4a+2$
$a\geqq2$ のとき $x=2$ で　最大値 6

171　$a<0$ のとき $x=0$ で　最小値 3
$0\leqq a\leqq\dfrac{1}{2}$ のとき $x=2a$ で　最小値 $-4a^2+3$
$a>\dfrac{1}{2}$ のとき $x=1$ で　最小値 $4-4a$

172　(1)　$x=a+2$ のとき　a^2+2a
(2)　$x=1$ のとき　-1
(3)　$x=a$ のとき　a^2-2a

173　(1)　$x=a+2$ のとき　$-a^2-6a-8$
(2)　$x=-1$ のとき　1
(3)　$x=a$ のとき　$-a^2-2a$

174　(1)　$y=-2(x+3)^2+5$
(2)　$y=(x-2)^2-4$

175　(1)　$y=2(x-3)^2-10$
(2)　$y=2(x+1)^2-1$

176　(1)　$y=x^2+2x-1$
(2)　$y=-2x^2+4x+2$

177　(1)　$y=2(x-2)^2-3$
(2)　$y=-\dfrac{1}{2}(x+1)^2+4$

178　$y=-(x-2)^2+12$

179　(1)　$y=x^2-4x+1$
(2)　$y=(x-2)^2+3$

180　(1)　$x=1,\ y=-3,\ z=5$
(2)　$x=2,\ y=-1,\ z=1$

181　(1)　$y=2x^2$
(2)　$y=x^2-2x-1$
(3)　$y=x^2-2x+3$

182　$m=\dfrac{3}{2},\ -\dfrac{1}{2}$

183　(1)　$c=-2b+3$
(2)　$\begin{cases}b=0\\c=3\end{cases}$　$\begin{cases}b=-3\\c=9\end{cases}$

184　$y=-(x+4)(x-2)$

185　(1)　$x=-1,\ 2$
(2)　$x=-\dfrac{1}{2},\ \dfrac{2}{3}$
(3)　$x=-3,\ 1$
(4)　$x=3,\ 4$
(5)　$x=-5,\ 5$
(6)　$x=0,\ -4$

186　(1)　$x=\dfrac{-3\pm\sqrt{5}}{2}$
(2)　$x=\dfrac{5\pm\sqrt{13}}{2}$

(3) $x=\dfrac{5\pm\sqrt{37}}{6}$

(4) $x=\dfrac{-4\pm\sqrt{10}}{3}$

(5) $x=-3\pm\sqrt{17}$

(6) $x=-\dfrac{1}{2},\ \dfrac{4}{3}$

187 (1) 2個　　(2) 0個
(3) 2個　　(4) 1個

188 $m>-\dfrac{4}{3}$

189 $m=-\dfrac{1}{2},\ 3$

$m=-\dfrac{1}{2}$ のとき　$x=\dfrac{1}{2}$

$m=3$ のとき　$x=-3$

190 (1) $-2,\ -3$
(2) $-1,\ 4$
(3) $3,\ 4$
(4) $-2,\ -4$

191 (1) 2個　　(2) 1個
(3) 2個　　(4) 0個
(5) 2個　　(6) 0個

192 (1) $m>-2$　　(2) $m<-\dfrac{2}{3}$

193 $m=2\pm2\sqrt{5}$

194 (1) $\dfrac{1}{2}$　　(2) $\dfrac{\sqrt{61}}{3}$

195 $m<2$ のとき　2個
$m=2$ のとき　1個
$m>2$ のとき　0個

196 (1) $a>0,\ b>0,\ c<0,\ b^2-4ac>0,$
$a+b+c>0,\ a-b+c<0$
(2) $a<0,\ b<0,\ c<0,\ b^2-4ac>0,$
$a+b+c<0,\ a-b+c>0$

197
(1) $(-1+\sqrt{5},\ 1+2\sqrt{5}),\ (-1-\sqrt{5},\ 1-2\sqrt{5})$
(2) $(2,\ 3)$

198 $\left(\dfrac{1}{2},\ -\dfrac{3}{4}\right),\ (1,\ -1)$

199 (1) $x<5$　　(2) $x\leqq\dfrac{5}{2}$

200 (1) $3<x<5$　(2) $-2\leqq x\leqq1$
(3) $x<-3,\ 2<x$　(4) $x\leqq-4,\ 0\leqq x$
(5) $-5<x<8$　(6) $x\leqq2,\ 5\leqq x$
(7) $x<-4,\ 4<x$　(8) $-1<x<0$

201 (1) $-\dfrac{2}{3}<x<\dfrac{1}{2}$

(2) $x\leqq-\dfrac{3}{5},\ \dfrac{3}{2}\leqq x$

(3) $x<-\dfrac{1}{2},\ 3<x$

(4) $1\leqq x\leqq\dfrac{4}{3}$

(5) $-\dfrac{2}{3}<x<\dfrac{1}{2}$

(6) $x\leqq-\dfrac{3}{5},\ \dfrac{3}{2}\leqq x$

202 (1) $x\leqq1-\sqrt{5},\ 1+\sqrt{5}\leqq x$

(2) $\dfrac{-5-\sqrt{13}}{2}\leqq x\leqq\dfrac{-5+\sqrt{13}}{2}$

(3) $x<\dfrac{1-\sqrt{17}}{4},\ \dfrac{1+\sqrt{17}}{4}<x$

(4) $\dfrac{-1-\sqrt{7}}{3}<x<\dfrac{-1+\sqrt{7}}{3}$

203 (1) $x<-4,\ 2<x$

(2) $-1\leqq x\leqq\dfrac{3}{2}$

(3) $x\leqq2-\sqrt{3},\ 2+\sqrt{3}\leqq x$

(4) $\dfrac{-1-\sqrt{33}}{4}<x<\dfrac{-1+\sqrt{33}}{4}$

204 (1) $x=2$ 以外のすべての実数

(2) $x=-\dfrac{3}{2}$

(3) 解は　ない

(4) すべての実数

(5) $x=-\dfrac{1}{3}$

(6) $x=\dfrac{3}{2}$ 以外のすべての実数

205 (1) すべての実数
(2) 解は　ない
(3) すべての実数
(4) すべての実数

206 (1) $-3<x<1$

(2) $-\dfrac{3}{2}<x<1$

(3) $x\leqq 1,\ 3\leqq x$

(4) $\dfrac{-3-\sqrt{13}}{2}<x<\dfrac{-3+\sqrt{13}}{2}$

207 (1) $x\leqq -4$　(2) $-2\leqq x<\dfrac{7}{2}$

208 (1) $-5\leqq x\leqq -2$
(2) $x<-2,\ 3<x$
(3) $-3\leqq x<-2$
(4) $-2<x<0,\ 2<x<3$

209 (1) $-2\leqq x<-1,\ 4<x\leqq 5$
(2) $-1<x\leqq 1$

210　1 m 以下

211 (1) $x=-2,\ -1,\ 0,\ 1,\ 2,\ 3$
(2) $x=0,\ 1,\ 2,\ 3,\ 4$

212　$m<\dfrac{3}{4},\ 2<m$

213　$-2<m<10$

214　$m<-1$

215　$-3<m<-2$

216 (1)

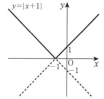

(2)

(図: $y=|-2x+4|$ のグラフ)

217 (1)

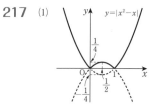

(2) $y=|-x^2-2x+3|$

(図)

218 (1) $\sin A=\dfrac{4}{5}$, $\cos A=\dfrac{3}{5}$, $\tan A=\dfrac{4}{3}$

(2) $\sin A=\dfrac{3}{\sqrt{10}}$, $\cos A=\dfrac{1}{\sqrt{10}}$, $\tan A=3$

(3) $\sin A=\dfrac{\sqrt{5}}{3}$, $\cos A=\dfrac{2}{3}$, $\tan A=\dfrac{\sqrt{5}}{2}$

219 (1) $\sin A=\dfrac{1}{\sqrt{10}}$, $\cos A=\dfrac{3}{\sqrt{10}}$,

$\tan A=\dfrac{1}{3}$

(2) $\sin A=\dfrac{2}{\sqrt{5}}$, $\cos A=\dfrac{1}{\sqrt{5}}$, $\tan A=2$

(3) $\sin A = \dfrac{\sqrt{11}}{6}$, $\cos A = \dfrac{5}{6}$, $\tan A = \dfrac{\sqrt{11}}{5}$

220 (1) 0.6293　(2) 0.8988
(3) 2.7475

221 (1) 49°　(2) 37°　(3) 63°

222 (1) $x = 2\sqrt{3}$, $y = 2$
(2) $x = 3\sqrt{2}$, $y = 3$
(3) $x = 4$, $y = 2\sqrt{3}$

223 標高差は 1939 m, 水平距離は 3498 m

224 10.9 m

225 (1) 24°　(2) 31°

226 14°

227 $50\sqrt{3}$ m

228 15.3 m

229 46°

230 (1) $1 + \sqrt{5}$　(2) $\dfrac{\sqrt{5}-1}{4}$
(3) $\dfrac{\sqrt{5}+1}{4}$

231 (1) $\cos A = \dfrac{5}{13}$, $\tan A = \dfrac{12}{5}$
(2) $\cos A = \dfrac{\sqrt{6}}{3}$, $\tan A = \dfrac{1}{\sqrt{2}}$
(3) $\cos A = \dfrac{1}{\sqrt{5}}$, $\tan A = 2$

232 (1) $\sin A = \dfrac{\sqrt{7}}{4}$, $\tan A = \dfrac{\sqrt{7}}{3}$
(2) $\sin A = \dfrac{2\sqrt{6}}{7}$, $\tan A = \dfrac{2\sqrt{6}}{5}$
(3) $\sin A = \dfrac{\sqrt{6}}{3}$, $\tan A = \sqrt{2}$

233 (1) $\cos 3°$　(2) $\sin 16°$
(3) $\dfrac{1}{\tan 25°}$　　(4) $\tan 5°$

234 (1) $\cos A = \dfrac{1}{\sqrt{6}}$, $\sin A = \dfrac{\sqrt{30}}{6}$
(2) $\cos A = \dfrac{2}{\sqrt{5}}$, $\sin A = \dfrac{1}{\sqrt{5}}$

235 (1) 1　　　(2) 1
(3) 1　　　　　　(4) −1

236 (1) $\sin 120° = \dfrac{\sqrt{3}}{2}$, $\cos 120° = -\dfrac{1}{2}$,
$\tan 120° = -\sqrt{3}$
(2) $\sin 135° = \dfrac{1}{\sqrt{2}}$, $\cos 135° = -\dfrac{1}{\sqrt{2}}$,
$\tan 135° = -1$
(3) $\sin 150° = \dfrac{1}{2}$, $\cos 150° = -\dfrac{\sqrt{3}}{2}$,
$\tan 150° = -\dfrac{1}{\sqrt{3}}$
(4) $\sin 180° = 0$, $\cos 180° = -1$, $\tan 180° = 0$

237 (1) $\sin 50° = 0.7660$
(2) $-\cos 75° = -0.2588$
(3) $-\tan 12° = -0.2126$

238 (1) $\theta = 45°$, $135°$
(2) $\theta = 30°$
(3) $\theta = 0°$, $180°$
(4) $\theta = 180°$

239 (1) $\cos\theta = -\dfrac{\sqrt{15}}{4}$, $\tan\theta = -\dfrac{1}{\sqrt{15}}$
(2) $\sin\theta = \dfrac{5}{13}$, $\tan\theta = -\dfrac{5}{12}$

240 (1) $\theta = 30°$　(2) $\theta = 0°$, $180°$
(3) $\theta = 150°$

241 (1) $\theta = 60°$, $120°$
(2) $\theta = 45°$

242 $\cos\theta = -\dfrac{2\sqrt{5}}{5}$, $\sin\theta = \dfrac{\sqrt{5}}{5}$

243 (1) 0　　　　(2) 2
(3) −1　　　　(4) 1

244 (1) $\begin{cases} \cos\theta = \dfrac{2\sqrt{6}}{5} \\ \tan\theta = \dfrac{\sqrt{6}}{12} \end{cases}$　$\begin{cases} \cos\theta = -\dfrac{2\sqrt{6}}{5} \\ \tan\theta = -\dfrac{\sqrt{6}}{12} \end{cases}$
(2) $\sin\theta = \dfrac{2\sqrt{5}}{5}$, $\tan\theta = 2$

245 (1) $\theta=0°,\ 45°,\ 135°,\ 180°$
(2) $\theta=120°,\ 180°$

246 (1) $0°\leqq\theta\leqq30°,\ 150°\leqq\theta\leqq180°$
(2) $0°\leqq\theta<45°$

247 (1) **0**   (2) **1**
(3) **5**   (4) **1**
(5) **2**

248 (1) $-\dfrac{3}{8}$ (2) $\dfrac{\sqrt{7}}{2}$ (3) $-\dfrac{8}{3}$

249 (1) $m=\dfrac{1}{\sqrt{3}}$ (2) $m=1$
(3) $m=-\sqrt{3}$

250 (1) $\dfrac{5\sqrt{2}}{2}$ (2) $\sqrt{3}$

251 (1) $12\sqrt{2}$ (2) $\dfrac{4\sqrt{6}}{3}$

252 (1) $\sqrt{7}$ (2) $\sqrt{37}$ (3) $\sqrt{6}$

253 (1) $\cos A=-\dfrac{1}{2},\ A=120°$
(2) $\cos B=\dfrac{1}{\sqrt{2}},\ B=45°$
(3) $\cos C=0,\ C=90°$

254 (1) **鈍角**   (2) **鋭角**   (3) **直角**

255 (1) $b=2,\ A=30°,\ C=15°$
(2) $a=2,\ B=120°,\ C=15°$
(3) $b=\sqrt{2},\ A=90°,\ B=30°$

256 (1) $\sqrt{13}$ (2) **3**

257 (1) $\dfrac{7}{8}$ (2) $x=\sqrt{10}$

258 (1) $B=30°$ (2) $A=30°,\ 150°$

259 $C=135°,\ R=\dfrac{\sqrt{10}}{2}$

260 (1) $B=45°,\ R=1$
(2) $C=30°,\ R=2$

261 $60°$

262 (1) $\sqrt{3}-1$ (2) $\dfrac{\sqrt{6}-\sqrt{2}}{4}$

263 (1) $c=2\sqrt{2},\ a=\sqrt{2}+\sqrt{6}$
(2) $\dfrac{\sqrt{6}+\sqrt{2}}{4}$

264   **BC=CA の二等辺三角形**

265 (1) 正弦定理
$$\frac{a}{\sin A}=\frac{b}{\sin B}=\frac{c}{\sin C}=2R$$
（ただし，R は $\triangle$ABC の外接円の半径）
より
$$\sin A=\frac{a}{2R},\ \sin B=\frac{b}{2R},\ \sin C=\frac{c}{2R}$$
である。
$$a(\sin B+\sin C)=a\left(\frac{b}{2R}+\frac{c}{2R}\right)$$
$$=\frac{a}{2R}(b+c)$$
$$(b+c)\sin A=(b+c)\times\frac{a}{2R}$$
$$=\frac{a}{2R}(b+c)$$
よって
$$a(\sin B+\sin C)=(b+c)\sin A$$
(2) 正弦定理
$$\frac{a}{\sin A}=\frac{b}{\sin B}=2R$$
（ただし，R は $\triangle$ABC の外接円の半径）
より
$$\sin A=\frac{a}{2R},\ \sin B=\frac{b}{2R}$$
余弦定理より
$$\cos A=\frac{b^2+c^2-a^2}{2bc},\ \cos B=\frac{c^2+a^2-b^2}{2ca}$$
であるから
$$\frac{a-c\cos B}{b-c\cos A}$$
$$=\left(a-c\times\frac{c^2+a^2-b^2}{2ca}\right)\div\left(b-c\times\frac{b^2+c^2-a^2}{2bc}\right)$$

$$= \frac{2a^2-(c^2+a^2-b^2)}{2a} \div \frac{2b^2-(b^2+c^2-a^2)}{2b}$$

$$= \frac{a^2+b^2-c^2}{2a} \times \frac{2b}{a^2+b^2-c^2} = \frac{b}{a}$$

$$\frac{\sin B}{\sin A} = \frac{b}{2R} \div \frac{a}{2R} = \frac{b}{2R} \times \frac{2R}{a} = \frac{b}{a}$$

よって $\quad \dfrac{a-c\cos B}{b-c\cos A} = \dfrac{\sin B}{\sin A}$

266 (1) $5\sqrt{2}$ (2) $6\sqrt{3}$
(3) $\dfrac{3}{4}(\sqrt{2}+\sqrt{6})$

267 (1) $\dfrac{7}{8}$ (2) $\dfrac{\sqrt{15}}{8}$ (3) $\dfrac{3\sqrt{15}}{4}$

268 (1) 7
(2) $S=\dfrac{15\sqrt{3}}{4}$, $r=\dfrac{\sqrt{3}}{2}$

269 (1) $10\sqrt{3}$ (2) $\sqrt{3}$

270 $\dfrac{27\sqrt{3}}{4}$

271 (1) $\triangle ABD=\dfrac{3}{4}x$, $\triangle ACD=\dfrac{1}{2}x$
(2) $x=\dfrac{6\sqrt{3}}{5}$

272 (1) $4\sqrt{6}$ (2) $10\sqrt{2}$

273 (1) $\dfrac{1}{5}$ (2) $2\sqrt{6}$

274 $15\sqrt{6}$ m

275 $2\sqrt{2}$ m

276 (1) $10\sqrt{6}$ (2) $\dfrac{\sqrt{7}}{7}$

277 (1) $AC=2$, $AF=3$, $FC=\sqrt{7}$
(2) $60°$
(3) $\dfrac{3\sqrt{3}}{2}$

278 (1) 36 (2) $r=3-\sqrt{3}$

279 (1) 9.75 秒 (2) 8.75 秒
(3) 17 人 (4) 3 人

280
(1)

階級 (回) 以上～未満	階級値 (回)	度数 (人)	相対 度数
$12\sim16$	14	1	0.05
$16\sim20$	18	3	0.15
$20\sim24$	22	6	0.30
$24\sim28$	26	8	0.40
$28\sim32$	30	2	0.10
計		20	1

(2)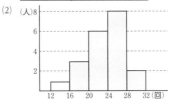

(3) 26 回

281 19.2

282 (1) A班 41 kg, B班 40 kg
(2) A班 40 kg, B班 42 kg

283 (1) 32 (2) 37
(3) 34.5 (4) 22.5

284 $k=24$

285 76.2

286 (1) $Q_1=3$, $Q_2=6$, $Q_3=8$
(2) $Q_1=3$, $Q_2=5.5$, $Q_3=6.5$
(3) $Q_1=7$, $Q_2=10$, $Q_3=14$
(4) $Q_1=14$, $Q_2=16$, $Q_3=17$

287 (1) 範囲 6, 四分位範囲 4
(2) 範囲 6, 四分位範囲 3
(3) 範囲 7, 四分位範囲 4

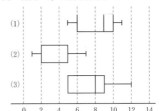

288 ①，③

289 ⓐとエ，ⓑとⓐ，ⓒとⓘ，ⓓとⓒ

290 (1)

国語 ├─┤31 47 64 78 91┤├─┤
数学 ├─┤29 50 67 79 98┤├─┤
英語 ├─┤34 47 65 85 90┤├─┤

30 40 50 60 70 80 90 100(点)

(2) **英語**

291 エ

292 ⓐ

293 $a=77$，$b=84$，$c=94$

294 (1) $s^2=2$，$s=\sqrt{2}$
(2) $s^2=9$，$s=3$
(3) $s^2=36$，$s=6$

295 $s_x=2$，$s_y=\sqrt{5.2}$
y の方が散らばりの度合いが大きい。

296 $s^2=4$，$s=2$

297 23.6

298 4

299 0.9

300 16

301 平均値 **46点**　　標準偏差 **11点**

302 (1) 平均値 **68点**，分散 **136**
(2) 平均値 **71点**，分散 **154**

303 $x=2$，$y=7$

304 $\overline{u}=33$，$s_u{}^2=112$

305 $\overline{u}=1$，$s_u{}^2=\dfrac{18}{5}$

306 (1) 65　　(2) $\overline{u}=50$，$s_u=10$
(3) ①　　(4) $\overline{x}=70$，$s_x=20$，$\overline{u}=50$，$s_u=10$

307 ⓘ

308

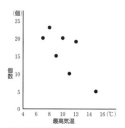

負の相関がある。

309 2.5

310

(散布図：数学 x と化学 y の散布図)

$s_{xy}=48$

311 0.7

312 (1) 散布図は ⓐ，相関係数は (e)
(2) 散布図は ⓒ，相関係数は (c)
(3) 散布図は ⓘ，相関係数は (a)

313 ボール投げ ⓘ，握力 エ

314 0.76

315 (1) 0.74　　(2) 0.74

316 ①，④

317 (1) $Q_1=6$，$Q_3=8$　　(2) ①，③，⑤

318 「A，Bの実力が同じ」という仮説が誤り

319 $10≦k≦16$

三角比の表

A	$\sin A$	$\cos A$	$\tan A$	A	$\sin A$	$\cos A$	$\tan A$
0°	0.0000	1.0000	0.0000	45°	0.7071	0.7071	1.0000
1°	0.0175	0.9998	0.0175	46°	0.7193	0.6947	1.0355
2°	0.0349	0.9994	0.0349	47°	0.7314	0.6820	1.0724
3°	0.0523	0.9986	0.0524	48°	0.7431	0.6691	1.1106
4°	0.0698	0.9976	0.0699	49°	0.7547	0.6561	1.1504
5°	0.0872	0.9962	0.0875	50°	0.7660	0.6428	1.1918
6°	0.1045	0.9945	0.1051	51°	0.7771	0.6293	1.2349
7°	0.1219	0.9925	0.1228	52°	0.7880	0.6157	1.2799
8°	0.1392	0.9903	0.1405	53°	0.7986	0.6018	1.3270
9°	0.1564	0.9877	0.1584	54°	0.8090	0.5878	1.3764
10°	0.1736	0.9848	0.1763	55°	0.8192	0.5736	1.4281
11°	0.1908	0.9816	0.1944	56°	0.8290	0.5592	1.4826
12°	0.2079	0.9781	0.2126	57°	0.8387	0.5446	1.5399
13°	0.2250	0.9744	0.2309	58°	0.8480	0.5299	1.6003
14°	0.2419	0.9703	0.2493	59°	0.8572	0.5150	1.6643
15°	0.2588	0.9659	0.2679	60°	0.8660	0.5000	1.7321
16°	0.2756	0.9613	0.2867	61°	0.8746	0.4848	1.8040
17°	0.2924	0.9563	0.3057	62°	0.8829	0.4695	1.8807
18°	0.3090	0.9511	0.3249	63°	0.8910	0.4540	1.9626
19°	0.3256	0.9455	0.3443	64°	0.8988	0.4384	2.0503
20°	0.3420	0.9397	0.3640	65°	0.9063	0.4226	2.1445
21°	0.3584	0.9336	0.3839	66°	0.9135	0.4067	2.2460
22°	0.3746	0.9272	0.4040	67°	0.9205	0.3907	2.3559
23°	0.3907	0.9205	0.4245	68°	0.9272	0.3746	2.4751
24°	0.4067	0.9135	0.4452	69°	0.9336	0.3584	2.6051
25°	0.4226	0.9063	0.4663	70°	0.9397	0.3420	2.7475
26°	0.4384	0.8988	0.4877	71°	0.9455	0.3256	2.9042
27°	0.4540	0.8910	0.5095	72°	0.9511	0.3090	3.0777
28°	0.4695	0.8829	0.5317	73°	0.9563	0.2924	3.2709
29°	0.4848	0.8746	0.5543	74°	0.9613	0.2756	3.4874
30°	0.5000	0.8660	0.5774	75°	0.9659	0.2588	3.7321
31°	0.5150	0.8572	0.6009	76°	0.9703	0.2419	4.0108
32°	0.5299	0.8480	0.6249	77°	0.9744	0.2250	4.3315
33°	0.5446	0.8387	0.6494	78°	0.9781	0.2079	4.7046
34°	0.5592	0.8290	0.6745	79°	0.9816	0.1908	5.1446
35°	0.5736	0.8192	0.7002	80°	0.9848	0.1736	5.6713
36°	0.5878	0.8090	0.7265	81°	0.9877	0.1564	6.3138
37°	0.6018	0.7986	0.7536	82°	0.9903	0.1392	7.1154
38°	0.6157	0.7880	0.7813	83°	0.9925	0.1219	8.1443
39°	0.6293	0.7771	0.8098	84°	0.9945	0.1045	9.5144
40°	0.6428	0.7660	0.8391	85°	0.9962	0.0872	11.4301
41°	0.6561	0.7547	0.8693	86°	0.9976	0.0698	14.3007
42°	0.6691	0.7431	0.9004	87°	0.9986	0.0523	19.0811
43°	0.6820	0.7314	0.9325	88°	0.9994	0.0349	28.6363
44°	0.6947	0.7193	0.9657	89°	0.9998	0.0175	57.2900
45°	0.7071	0.7071	1.0000	90°	1.0000	0.0000	──

スパイラル数学 I　　　　　　　本文基本デザイン──アトリエ小びん

●編　者　実教出版編修部

●発行者　小田　良次

●印刷所　寿印刷株式会社

●発行所　実教出版株式会社

〒102-8377
東京都千代田区五番町5
電話＜営業＞(03)3238-7777
　　＜編修＞(03)3238-7785
　　＜総務＞(03)3238-7700
https://www.jikkyo.co.jp/

002302022　　　　　　　　　　　ISBN 978-4-407-36014-1